Poda

en vaso tradicional

Poda
en vaso tradicional

José Hidalgo Togores

© 2026, Mundi-Prensa, un sello del Grupo Paraninfo

Diseño de cubierta: Laluca Cominicación

C/ Sierra de Guadarrama 35. Naves 2, 3, 4 y 5
Polígono Industrial San Fernando II,
28830 San Fernando de Henares, Madrid
Teléfono: 914 463 350
clientes@paraninfo.es / www.paraninfo.es

© 2026, José Hidalgo Togores

Impresión: Liberdigital (Casarrubuelos, Madrid)
ISBN: 978-84-19934-52-9
Depósito legal: M-2279-2026

Impreso en España

A mi familia Hidalgo-Camacho, por el tiempo distraído en la redacción de este libro, a todos nuestros antecesores, y para los amigos y profesionales interesados en estas ciencias que nos unen y a la vez nos apasionan: la viticultura y la enología.

Índice

Capítulo 4. Sistema de conducción en vaso y su poda   113

Capítulo 5. Recuperación de viñedos viejos en vaso   145

Capítulo 6. Enfermedades fúngicas de la madera en el viñedo   159

Prólogo
Vides en vaso, una geografía vital, un tesoro colectivo

Recuerdo de niño, en Alfaro, cómo sentía una especial atracción por las formas tortuosas y misteriosas de las viñas viejas en el horizonte del monte Yerga, origen vitícola de mi familia, en Rioja Oriental. Esas viñas en vaso deslumbran con una sabiduría ancestral e irradian la magia de los grandes vinos únicos de España. Las condiciones agroclimáticas, el conocimiento antiguo del lugar, los oficios y, entre ellos, la formación heredada constituyen el testimonio de siglos de adaptación. Con el vaso, los viticultores lograron canalizar la energía de la tierra y de la luz, atemperando las fuerzas, amoldándose a la propia intuición de las plantas.

Hasta bien entrada la década de los ochenta, la viña en vaso fue el paisaje habitual de nuestras regiones vitivinícolas, en las montañosas comarcas mediterráneas, en los altiplanos continentales y en las cuencas de los grandes ríos ibéricos. En la geografía vital de mi generación siempre aparecen los viñedos en vaso. Ha sido la imagen más característica del medio tradicional en el que hemos vivido las familias del vino en España. Con las viñas en vaso hemos reaprendido a desarrollar una viticultura más inteligente para obtener la máxima calidad del fruto y la mayor longevidad de nuestras vides.

Buena parte de mi infancia transcurrió en las laderas del Yerga, entre cepas en vaso. Mi trayectoria de cuatro décadas me ha llevado a dos regiones de honda impronta espiritual: el mediterráneo Priorat y el atlántico Bierzo. Estos territorios místicos y de clara vocación vitícola están unidos también por el predominio de la forma de poda tradicional.

En los viejos *costers* de Gratallops, de viticultura tan desafiante, las cepas en vaso de garnacha son únicas en su talento histórico para expresar el embrujo de la naturaleza en su máxima esencia. Pero también en su capacidad de resistencia bajo las condiciones climáticas más duras, con una sequía muy acusada. El nacimiento de sus brazos individualmente desde el suelo demanda la mitad de recursos hídricos que los de una formación intensiva o elevada. ¿Cómo consiguen agradecer nuestros cuidados con un fruto tan sublime? Su porte, su vaso libre, es fundamental.

Respecto al Bierzo, qué decir de esas cepas de mencía de base tan contundente. Año a año, los viticultores locales las van podando a la manera antigua, formando un buen número de brazos y manteniendo las copas en una cuidada combinación entre sentirse aireadas y a la vez protegidas del exceso de luz y así ofrecer lo mejor de los caprichos de una añada. Los racimos de mencía agradecen el esfuerzo.

Del trabajo constante en el viñedo nace una comprensión de la naturaleza de la vid. Por eso, todas las generaciones que nos preceden han sabido de las virtudes de la poda en vaso, siempre adaptada a las particularidades de cada región. Hay saber acumulado en nuestro viñedo ancestral español, y a la vez hay una necesidad de ordenar y sistematizar todo ello para conocer en profundidad causas, razones, explicaciones y beneficios de una práctica tan asentada en la historia.

Esta es la labor que ha asumido José Hidalgo Togores. Gran enólogo e incansable investigador del viñedo, en esta obra imprescindible se percibe esa maravillosa virtud propia de los auténticamente expertos: la suma de saber y curiosidad, la vocación por profundizar en el conocimiento técnico y a la vez ilusionar con optimismo y afán de superación.

Con *Poda en vaso tradicional*, nuestro amigo Pepe Hidalgo suma un nuevo hito a sus múltiples logros como autor clave del presente vitivinícola de nuestro país. Lo hace a su estilo, con un enfoque que une maestría con ciencia y divulgación. Es un libro necesario por su contenido y porque tiene la virtud de llegar a públicos de diferente preparación, desde los más especializados hasta las audiencias generalistas que deseen conocer interesantes aspectos geográficos, botánicos e históricos.

Estas páginas permiten profundizar en la organografía y la fisiología de la vid, especialmente en el caso del viñedo de más edad, que tanta influencia tiene sobre los aspectos cualitativos del fruto. La obra de Pepe permite fijar, diría que de forma definitiva, la dualidad entre cepa vieja y poda en vaso. Es una suma de conceptos indispensable para confirmar el esplendor de las viñas más privilegiadas y aclamar el lugar que merecen en la cúspide mundial. En este sentido, en España y en las últimas décadas hemos dado pasos cruciales: todos los vinos españoles que en los últimos treinta años han alcanzado el máximo podio de la crítica internacional proceden de cepas antiguas en vaso. El camino sigue, y el anhelo está en situar en la élite aún más parajes y parcelas excepcionales de la España vitivinícola. Es necesario, para conseguirlo, contar con respaldo intelectual, con documentos de prestigio, con la base y el apoyo de libros de gran nivel como este que tenemos en nuestras manos.

Otra de las enseñanzas que podemos extraer de él es de índole histórica. Pepe ha buceado en los precursores que a lo largo de varios siglos han construido el conocimiento técnico de nuestros viñedos. Nombres como Gabriel Alonso de Herrera, como Buenaventura Castellet o Nicolás García de los Salmones cimentaron lecciones esenciales acerca de la poda en vaso. Entre todos estos autores destaca el doctor ingeniero agrónomo Luis Hidalgo Fernández-Cano, creador de esa obra magna que es el *Tratado de viticultura*. Su hijo, Pepe Hidalgo, es mucho más que un digno continuador. Es, como demuestra este volumen, un creador de sentido. Porque esto es justo lo que necesitamos: nuevas palabras, nuevas sensibilidades, nuevos sentidos para elevar, proteger y ensalzar un patrimonio ancestral y único en el mundo.

Álvaro Palacios
Viticultor y productor de vinos

Introducción

El objeto de esta obra es reivindicar el viñedo conducido en formas libres bajas, especialmente el vaso, cultivado de forma tradicional en España, sobre todo en aquellas zonas más áridas de la península ibérica, donde, desde hace siglos, el viñedo ha tenido que adaptarse a la escasez de pluviometría y al exceso de calor.

Este trabajo rinde también homenaje a los agrónomos especializados en viticultura que, desde hace muchos años, han transmitido en sus escritos sabias enseñanzas sobre la conducción y poda de la vid, y, en particular, acerca de las formas libres bajas, siendo la principal la poda en vaso o en redondo. En especial, personas de gran talla, como Gabriel Alonso de Herrera (1470-1539), Buenaventura Castellet Baltá (1825-1890), Nicolás García de los Salmones (1865-1942), Juan Marcilla Arrazola (1886-1950), Moisés Martínez-Zaporta González (1886-1972) y Luis Hidalgo Fernández-Cano (1917-2004).

Insignes autores que enseñaron a podar a generaciones de viticultores, de cuyas directrices proceden los antiguos viñedos de gran valor que han perdurado hasta nuestros días, y que en sus obras ya mostraban cómo se deben conducir y podar correctamente las vides para alargar su vida, en lo que actualmente se conoce como *poda de respeto*. Toda una lección de sabiduría que nos hace reflexionar sobre la conveniencia de conocer el pasado para no cometer errores en el futuro.

Hasta no hace muchas décadas, el riego del viñedo estaba prohibido en nuestro país (Estatuto de la Viña, del Vino y de los Alcoholes, aprobado por Ley 25/1970, de 2 de diciembre), pero, con la autorización del riego hacia finales de los años ochenta del siglo pasado, paulatinamente se fueron incrementando los regadíos en los viñedos, hasta alcanzar en la actualidad algo más del 40 %. En consecuencia aumentó el sistema de conducción hacia formas altas alambradas (espalderas), en detrimento de las formas libres bajas, en especial, los vasos tradicionales.

Esto nos lleva a afirmar que, en la España seca, los viñedos verdaderamente

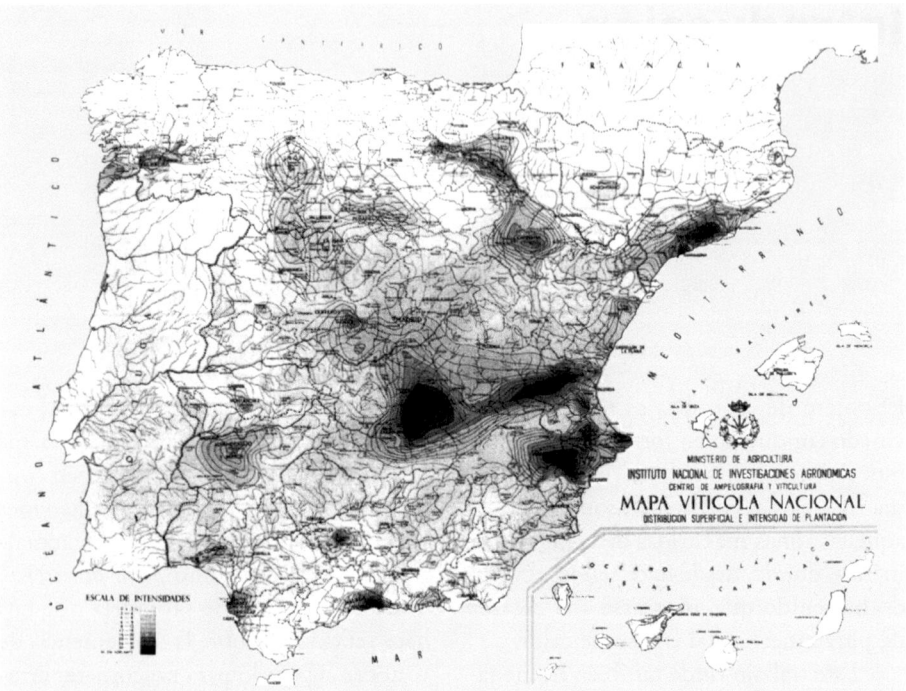

Mapa vitícola de España. Distribución superficial e intensidad de plantación (Ministerio de Agricultura).

viejos, con más de cuarenta años de edad, están prácticamente todos cultivados en formas libres bajas, especialmente en vaso. Por tanto, si pensamos que la edad del viñedo influye en la calidad de la uva, es precisamente en estos viñedos libres bajos, sobre todo en los conducidos en vaso, donde esta se encuentra.

Según las últimas estadísticas disponibles del año 2020 (Ministerio de Agricultura, Pesca y Alimentación), en España, la edad de los viñedos se distribuye en superficie de la siguiente forma:

	Superficie (hectáreas)
< 3 años	15 332,98 (1,7 %)
3-10 años	159 256,19 (18,0 %)
10-29 años	364 717,56 (41,2 %)
> 30 años	345 923,43 (39,1 %)
Total	885 230,16

La obligada necesidad de reducción de los costes de cultivo, sobre todo en el cosechado de la uva, unida a la creciente falta de mano de obra en el campo, ha llevado a la necesidad de cultivar el viñedo en formas altas alambradas. Por lo que los viñedos en formas libres bajas, especialmente en vaso, se encuentran en la actualidad en plena regresión, salvo en las situaciones donde los viticultores o bodegueros valoran la calidad de la uva que producen.

El progresivo arranque de los viñedos viejos, motivado principalmente por su menor rentabilidad, al no retribuirse de forma debida la calidad de sus frutos, unido a producciones más escasas a causa de la mortandad de las cepas ocasionada por las enfermedades fúngicas de la madera, nos lleva a considerar un grave problema: la importante erosión genética que se viene produciendo desde hace años en nuestro país. No solo nos estamos refiriendo a la desaparición de variedades ancestrales, todavía ocultas en estos viejos viñedos, sino también, dentro de cada variedad, a clones o cultivares todavía no descubiertos.

El grave problema del cambio climático, que afecta especialmente a las zonas más áridas, y, en especial, la creciente falta de agua ocasionada por las precipitaciones cada vez más escasas, nos hace pensar que, a medio plazo, tal vez el riego del viñedo sea de nuevo prohibido o severamente limitado. Y en estas circunstancias, la única forma posible de cultivo del viñedo en la España árida será la de las formas libres bajas y concretamente el vaso tradicional, razón por la cual se hace necesario que los viticultores vuelvan

a conocer en profundidad este sistema de conducción y su poda.

En esta obra tratamos de desarrollar el trinomio: cultivo en forma libre baja (vaso)-viñedo viejo-calidad de uva/vino, estudiando varios aspectos que lo condicionan, como son la fisiología particular de los viñedos viejos, la organografía de los distintos elementos que componen un viñedo, los principios generales de la poda de la vid, la conducción y poda de los viñedos en formas libres bajas, especialmente el vaso, la reconstrucción de los viñedos viejos y el combate contra las enfermedades fúngicas de la madera.

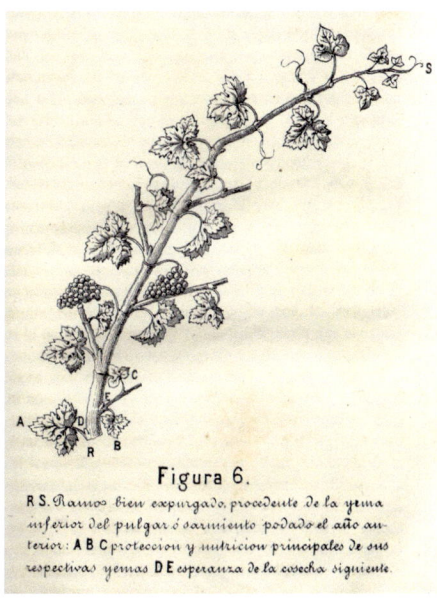

Figura 6.

R S. Ramos bien expurgado, procedente de la yema inferior del pulgar ó sarmiento podado el año anterior: A B C protección y nutrición principales de sus respectivas yemas D E esperanza de la cosecha siguiente.

Pámpano o ramo de vid
(Buenaventura Castellet, 1868).

1 Organografía de la vid

En las vides se puede distinguir una parte enterrada, formada por las raíces de mayor o menor grosor y más o menos viejas, cuyas extremidades, más finas y jóvenes, constituyen la cabellera; y otra parte aérea o vuelo en la que hay que distinguir: el *tronco,* los *brazos* y los *sarmientos,* que duran varios años, y las *hojas,* los *frutos* y los *zarcillos,* cuya duración no pasa corrientemente de un año. La zona que une estas dos partes, la subterránea y la aérea, se llama *cuello.*

1.1. Raíces

Las raíces constituyen, con una parte enterrada del tronco, la parte subterránea de la vid, con una relación parte subterránea/parte aérea del orden de 1/1 a 2/3, y cumplen las siguientes importantes misiones:

– Fijación de la vid en el suelo y estabilización de su estructura aérea.
– Absorción del agua y las materias minerales contenidas en el suelo.
– Formación de hormonas de crecimiento: giberelinas, citoquininas, etc.
– Órgano de reserva con acumulación de almidón principalmente.

Al examinar con algún aumento el extremo de una raicilla, se observa en la punta una especie de contera o dedal de

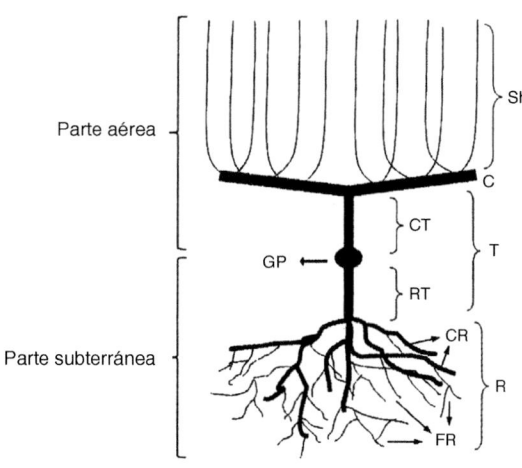

Esquema de las partes de una vid:
Sh: brotes o sarmientos
C: brazos o cordones
T: tronco
CT: tronco aéreo
GP: cuello (injerto)
RT: tronco subterráneo
R: raíces
CR: raíces gruesas
FR: raíces finas

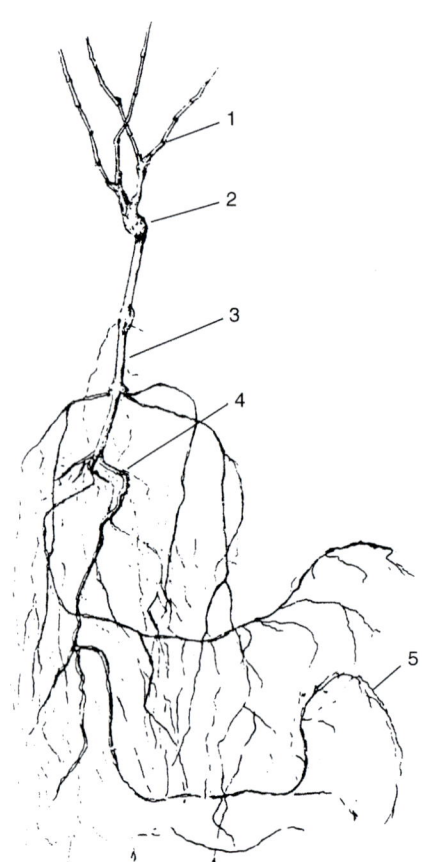

Vid joven:
1. Parte aérea; 2. Cuello; 3. Parte subterránea; 4. Raíces; 5. Raicillas (Luis Hidalgo).

Sistema radicular de una viña vieja
(José Hidalgo).

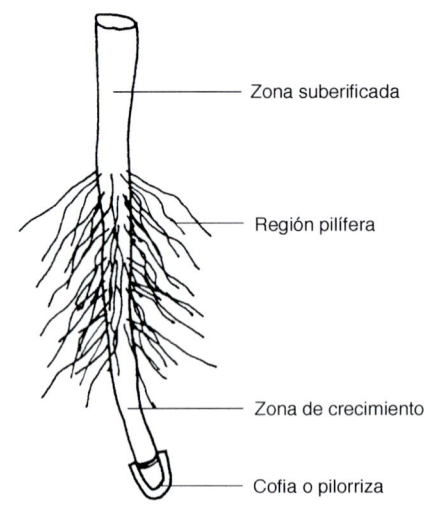

Extremidad de una raíz (Luis Hidalgo).

tejidos duros, llamada *cofia* o *pilorriza,* que le permite alargarse y penetrar en el suelo sin daño para la zona meristemática, blanda y delicada, situada en su interior, responsable de este crecimiento. Las células interiores de la cofia se renuevan constantemente, mientras que las más externas se desecan y mueren antes de desprenderse.

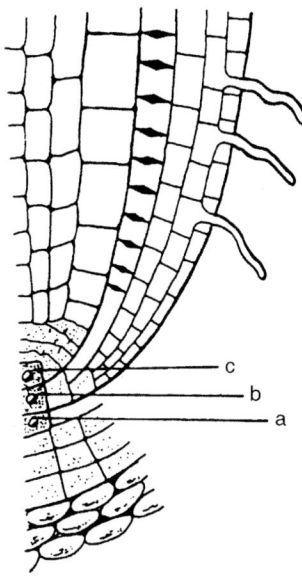

Meristemo terminal de la raíz (P. Galet):
a) Células que dan lugar a la cofia.
b) Células que dan lugar a la capa cortical.
c) Células que dan lugar al cilindro central.

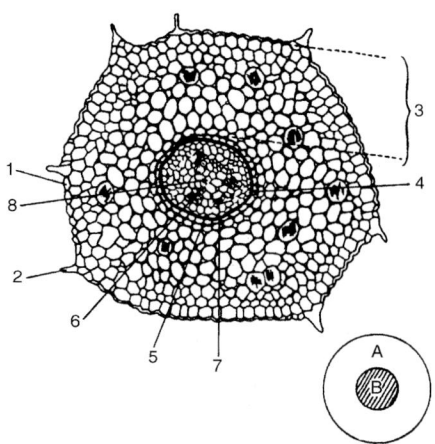

Sección transversal de una raicilla en la región de los pelos absorbentes (Luis Hidalgo): *A)* Zona cortical; 1. Asiento pilífero; 2. Pelos absorbentes; 3. Parénquima cortical; 4. Endodermo; *B)* Cilindro central; 5. Periciclo; 6. Vasos leñosos; 7. Vasos liberianos; 8. Médula.

A poca distancia de esta punta hay una región de unos 3 a 4 cm, provista de los llamados *pelos absorbentes*, por los que únicamente penetra en la planta el agua con las diversas sales minerales alimenticias que se encuentran en el suelo. A medida que se alarga la raicilla, esta región pilífera se desplaza hacia delante, conservando prácticamente la misma distancia con respecto a la punta. Nuevos pelos nacen cerca de esta, y los más alejados mueren y caen.

Si cortamos la raicilla y examinamos con gran aumento la sección, distinguiremos una gran cantidad de células, agrupadas en dos zonas principales: una

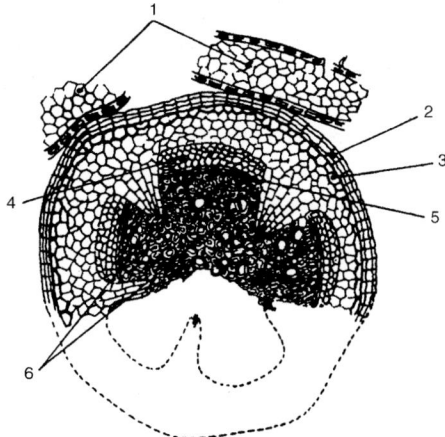

Corte transversal de una raíz al final de su primer año (Luis Hidalgo): 1. Capas de corteza exfoliada; 2. Capa suberosa de protección (corcho); 3. Capa generatriz cortical; 4. Líber; 5. *Cambium*; 6. Vasos leñosos.

exterior y anular, llamada *cortical*, y otra interior y circular, correspondiente al *cilindro central*.

Si el corte se realiza en una raíz más vieja, por ejemplo, de un año, ya con tejidos más perfeccionados, podríamos observar claramente los siguientes detalles interesantes que se exponen a continuación.

En la zona cortical y en su parte más externa veríamos una zona de tejidos desgarrados, células muertas, que se desprenden del resto *(zona caediza)* dentro de las *Euvitis*, perteneciente al género *Vitis*, seguida interiormente por otra de células acorchadas *(zona o capa suberosa)*, que a su vez recubre una tercera, de células que crecen y se multiplican con rapidez *(zona generatriz externa)*, y, por fin, la capa más interna de la corteza, zona jugosa, cuyo último estrato se denomina *endodermo*.

En el cilindro central, del exterior al interior, se distinguen fundamentalmente una primera faja, llamada *periciclo*, seguida de una segunda zona, denominada *liberiana*, compuesta, primero, por células con paredes resistentes, que por superposición y reunión forman las *fibras del líber*; segundo, por células que se han vaciado por pérdida de su contenido, quedando prácticamente solo sus paredes con algunos pequeñísimos orificios o poros, que, también por superposición, constituyen los *vasos liberianos*, reunidos en haces. Estos vasos, llamados también *cribosos* y *floema*, son de pequeñísimo calibre, y por ellos desciende la savia ya elaborada en las partes verdes.

En tercer lugar, hay otras células agrupadas, que constituyen el relleno entre los tejidos anteriores *(parénquima)*.

A continuación de estas capas liberianas aparecen, de forma discontinua, masas de células de crecimiento y multiplicación rápidos, *zona generatriz interna (cambium)*, que producen anualmente una nueva capa de líber hacia el exterior y otra de madera hacia el interior.

En la zona del cilindro central que sigue se observan: primero, grupos de células con paredes resistentes (lignificadas) que, al agruparse, constituyen las fibras de madera; segundo, células vacías, que han quedado reducidas a paredes, cuya reunión y superposición forman los *vasos* y *haces leñosos* o *xilema*, de calibre muy superior al de los liberianos (por estos vasos leñosos asciende la savia bruta); tercero, células agrupadas que rellenan los espacios entre fibras y vasos *(parénquimas)*, y cuarto, en el centro se sitúa la médula, que emite prolongaciones hasta la capa generatriz externa (de la corteza).

Se advierte que estas zonas no son continuas (o, si se quiere, completas), ya que las prolongaciones de la *médula (radios medulares)* las dividen en segmentos.

Las sustancias de reserva acumuladas en las raíces son fundamentalmente granos de almidón y cristales de oxalato de calcio. Estos últimos se presentan en forma de haces de largas agujas o *ráfides* (40-60 × 1,0-1,5 µm), o como cristales octaédricos en forma de "erizos de mar" (5-40 µm de diámetro) que aparecen después de las ráfides.

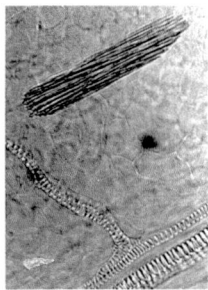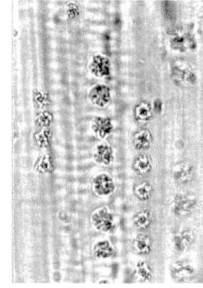

Sustancias de reserva de oxalato cálcico: izquierda: haces de aguja (ráfides); y derecha: cristales octaédricos ("erizos de mar") (A. C. Bernard).

Por otra parte, la importancia relativa de estas diferentes capas determina que las raíces sean más o menos carnosas y más o menos viejas. Las raíces pueden pasar por tres etapas a lo largo de su vida:

- Período juvenil o de colonización: comienza el año de la plantación y se extiende durante siete u ocho años, presenta una expansión muy rápida al principio, en terreno suelto y favorable, que se ralentiza a medida que avanza la edad y la raíz profundiza en el suelo.
- Período adulto: presenta una prolongación moderada y explora el terreno en profundidad.
- Período de senectud: muestra un crecimiento escaso, debido a la extensión de los trayectos vasculares, con síntomas de reducción de actividad biológica, provocada por las operaciones de cultivo, ataque de parásitos, asfixia de raíces, alteración o reducción del nivel de fertilidad en profundidad, etc.

Cabe señalar que la resistencia a los ataques de la filoxera de las diferentes vides depende, en gran medida, de la rapidez y abundancia con que la capa generatriz externa produce hacia el exterior las capas de corcho, protectoras del cilindro central.

Terminamos esta breve anatomía de la raíz indicando que las raíces secundarias nacen del *cambium* y de células próximas del *líber* y *periciclo,* y su situación se corresponde con los *radios medulares.*

El crecimiento de la raíz tiene lugar: en longitud, por el *meristemo* terminal de su extremo inferior, protegido por la *cofia* o *piloriza;* y, en diámetro, por la creación de capas de corcho y corteza desde la zona generatriz externa y, más aún, por la formación de capas de líber y madera originadas por el *cambium.*

Las plantas procedentes de semilla tienen una raíz principal pivotante mientras son jóvenes, pero, con el tiempo, la raíz principal se atrofia y da lugar a raíces adventicias. Generalmente, el sistema radicular de la vid puede alcanzar una longitud de 2 a 5 metros, aunque, en condiciones excepcionales, puede llegar hasta 12 o 15 metros. Este crecimiento depende del tipo de portainjerto, de la naturaleza del injerto, de las condiciones geológicas del terreno, y de las enfermedades o parásitos de las raíces. El peso del sistema radicular es muy variable, oscilando, según estas condiciones, entre 10 y 60 toneladas por hectárea.

En las plantas procedentes de estacas, por multiplicación asexual o vegetativa, las raíces que se forman pueden considerarse todas primarias, de las que parten las secundarias, constituyendo todo el conjunto la *cabellera radical.*

Si no hay obstáculos en el terreno, las raíces tienden a profundizar en este *(geotropismo positivo),* pero también se desplazan hacia aquellas zonas del suelo más ricas en humedad y nutrientes *(hidrotropismo y quimiotropismo),* siempre que se alcance un equilibrio entre el agua y el oxígeno disponibles en el subsuelo. Las raíces pueden progresar en el suelo hasta niveles de un 2 % de oxígeno.

La tendencia a profundizar en el terreno varía según la planta. Se denomina *ángulo geotrópico* al que forma la raíz con la vertical. *Vitis riparia* presenta un ángulo geotrópico muy amplio (75º-80º), mientras que *Vitis rupestris* lo tiene mucho más reducido (apenas 20º), *Rupestris de Lot* y *Vitis berlandieri* presentan valores intermedios (25º-35º) pero también bajos.

La raíz tiene, en primer lugar, un papel puramente mecánico, ya que fija la planta en el suelo. Además, las raíces *res-*

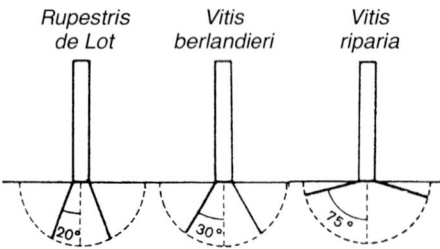

Ángulo geotrópico de las raíces de portainjertos de vid (Luis Hidalgo y José Hidalgo).

piran, esto es, absorben el oxígeno del aire o disuelto en el agua que circula entre los intersticios de la tierra, y exhalan anhídrido carbónico, contribuyendo, con esa combustión, a proporcionar a la planta la energía necesaria. Las raíces de la cabellera absorben, a través de sus pelos radicales, el agua y las sustancias minerales contenidas en la tierra, lo que da lugar a la *savia bruta,* que asciende por los vasos conductores de la planta.

Las raíces, por sus sistemas de vasos de madera o vasos leñosos, transportan la savia bruta absorbida hasta las partes aéreas verdes, que deben transformarla en savia elaborada, la que, a su vez, circulando por los vasos cribosos del líber, llega a sus propios tejidos para su nutrición y almacenamiento en la médula y parénquimas.

El mecanismo de absorción responde, por una parte, a fenómenos de ósmosis, consecuencia de que el medio del pelo absorbente está generalmente más concentrado que el medio exterior y siempre cargado negativamente; y, por otra parte, se explica por un bombeo activo de iones del exterior hacia el interior, gracias a la liberación de energía respiratoria a partir de los metabolitos, proceso dependiente de la temperatura, de la tensión en oxígeno y de la cuantía de las reservas.

La conducción de la savia bruta es consecuencia de la *presión radicular,* inducida por los fenómenos osmóticos y la aspiración ejercida en las hojas por la transpiración. La velocidad de conducción se debe a la corriente de agua que atraviesa la planta desde los pelos absorbentes hasta su expulsión por los *estomas*, los cuales están regulados por la temperatura, la luz y el estado higrométrico del aire. La presión sobre la savia bruta que puede ejercer el sistema radicular del viñedo puede llegar hasta 1,5 kg/cm², equivalente a una columna de agua de unos 15 metros; hecho que se evidencia en el lloro de una vid podada antes del inicio de la brotación.

1.2. Troncos y brazos

En el vuelo o parte aérea de la vid distinguimos: el *tronco*; los *brazos*, más o menos largos (ausentes en vides podadas a "cabeza de mimbrera"); los *pulgares* o *varas*, que no son sino trozos de ramos formados el año anterior, y los *pámpanos* o ramos herbáceos del año que, al agostarse en otoño, se convierten en *sarmientos*, con sus hojas, zarcillos y racimos, primero de flores y más tarde de frutos.

Las estructuras del tronco y de los brazos son análogas a las de los pámpanos, y difieren poco de la expuesta para las raíces. Sus funciones, además de la respiración, consisten en sostener los sarmientos o los pámpanos, con sus yemas, hojas, racimos y zarcillos; y, mediante su sistema de vasos de madera y cribosos, conducir la savia bruta hacia los órganos verdes, y, una vez transformada en savia elaborada, nutrir toda la planta. Como en la raíz, la savia bruta asciende por los vasos de madera, y la savia elaborada desciende por los vasos cribosos del líber.

La forma y longitud del tronco y de los brazos depende del tipo de conducción adoptado, siendo bajos y cortos en las formas libres, y altos y largos en las apoyadas, pudiendo alcanzar desarrollos considerables en los parrales. El tronco de las vides no es recto, como puede ser el de los árboles frutales u ornamentales, sino, más bien, ondulado en función del tutor que lo soporta, pues la tendencia natural de la vid es el porte rastrero. El tronco y los brazos no son lisos, sino que

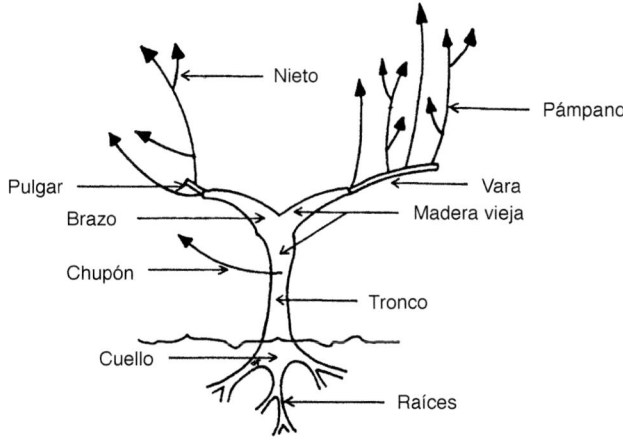

Órganos de la vid (Luis Hidalgo y José Hidalgo).

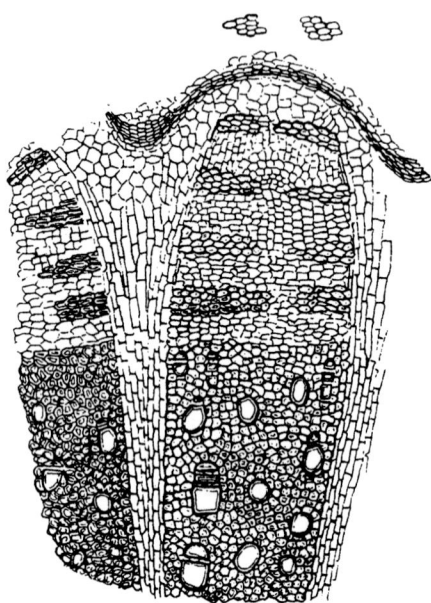

Anatomía de un brazo de una vid de tres años. Obsérvese la ausencia de los tejidos corticales iniciales (Luis Hidalgo).

1.3. Pámpanos y sarmientos

En la vid, los brotes (en nuestro caso llamados *pámpanos*) engruesan en las regiones donde se insertan hojas, yemas, zarcillos y, en su caso, racimillos de flor, que más tarde se convertirán en racimos de fruto (uva). Estos engrosamientos se denominan *nudos*; y las porciones comprendidas entre dos nudos se llaman *entrenudos*. En los entrenudos, a modo de tabique, se encuentra el *diafragma,* que interrumpe y separa la médula de dos entrenudos consecutivos.

Los entrenudos, en condiciones normales de cultivo, son lisos y no portan órgano alguno, excepto alguna vellosidad, espinas o aguijones en algunas vides chinas. Generalmente, su sección es casi elíptica, con la parte más amplia del lado del nudo que lleva las hojas y los brotes. Esta sección se denomina *unida* cuando su contorno es regular, *canutillo* cuando se perciben al tacto estrías poco numerosas, y *angular* cuando existen numerosas estrías poco pronunciadas. La longitud de los entrenudos es muy variable: los primeros miden apenas algunos milímetros, luego se alargan hasta alcanzar un promedio de 5 a 15 cm en *Vitis vinifera* (más o menos hasta el nudo 15), para después disminuir hasta la punta del brote. Esta longitud depende de la especie y variedad, del vigor de la cepa, del sistema de conducción utilizado y de las posibles plagas o enfermedades del viñedo, etc.

están cubiertos de cortezas viejas que se renuevan cada año, formando un conjunto llamado *ritidoma*.

Existen en el mundo numerosos ejemplos de vides antiguas de gran tamaño. Posiblemente, el mayor ejemplar sea el descrito por P. Viala (1910), una vid de California plantada por los españoles dos siglos antes. Medía 2,5 metros de circunferencia en la base y se dividía a 3 metros de altura en 14 brazos principales (el mayor de 1,2 metros de perímetro). Cubría un parral de 65 postes con una superficie de 30 × 40 metros, y produjo unos 100 kg de vendimia en 1895.

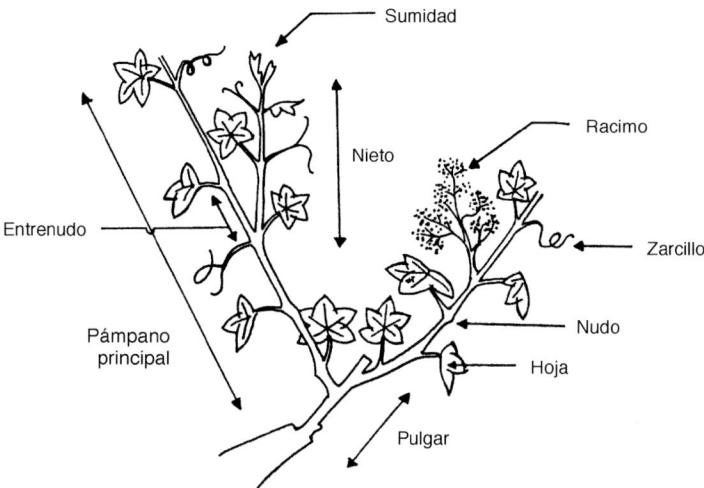

Trozo de sarmiento del año anterior podado (pulgar) con sus pámpanos y los diferentes órganos que sustentan (Luis Hidalgo y José Hidalgo).

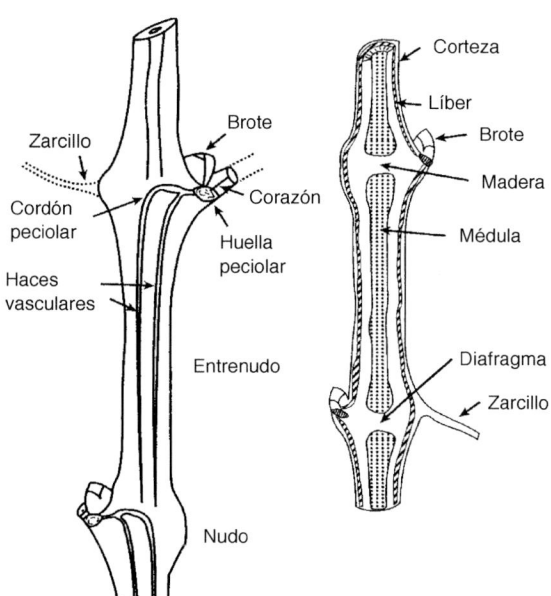

Sección longitudinal de un sarmiento (P. Galet).

Los primeros entrenudos tienen un origen "yemario", es decir, ya estaban preformados el año anterior en la yema, alcanzando un número variable de 4 a 12 unidades, mientras que el resto, que forma la parte más joven de los pámpanos o sarmientos, es de nueva formación por el meristemo apical de crecimiento.

Los nudos se distinguen de los entrenudos por su abultamiento más o menos acentuado según especies y vides, pudiendo encontrarse la siguiente relación entre diámetro del nudo/diámetro del entrenudo (N/M):

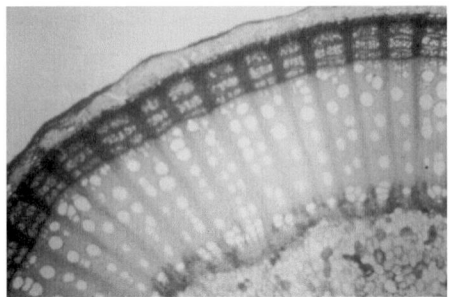

Sección de un sarmiento de *Vitis vinifera* (Luis Hidalgo).

	N/M
Vitis rotundifolia	< 1,00
Riesling, Ugni blanc	1,01 a 1,20
Vitis riparia, Vitis rupestris,	
Gamay	1,21 a 1,30
Vitis berlandieri,	
Vitis candicans	1,31 a 1,40
Vitis coriacea, Cariñena	1,41 a 1,50
Garnacha	1,51 a 1,60
Alicante Bouschet, Roussanne	> 1,60

La anatomía (estructura o forma interna) de estos ramos o *pámpanos*, que se convertirán en *sarmientos* al lignificarse, difiere apenas de la descrita para las raíces. Tienen corteza, endodermo, periciclo, líber con sus fibras, vasos cribosos y tejidos de relleno; madera igualmente con sus fibras, vasos y relleno; y médula abundante, con sus radios medulares, que atraviesan la zona generatriz interna o *cambium* y llegan hasta la zona genera-

triz externa, la cual se forma al finalizar el otoñado o agostado del pámpano.

1.3.1. Anatomía del ramo o pámpano

La *corteza* está formada por cuatro tejidos distintos, dispuestos desde la superficie hacia el interior:

– *Epidermis*. Constituida por una capa de células poligonales y cubier-

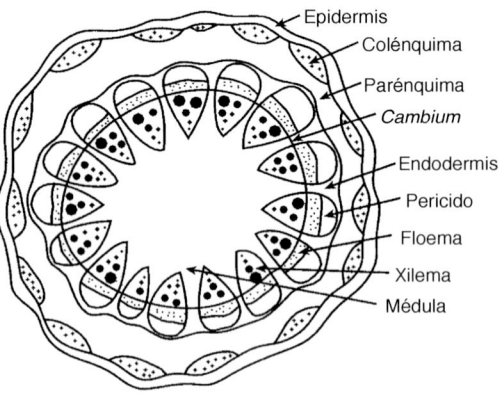

Esquema de la anatomía de un pámpano (P. Galet).

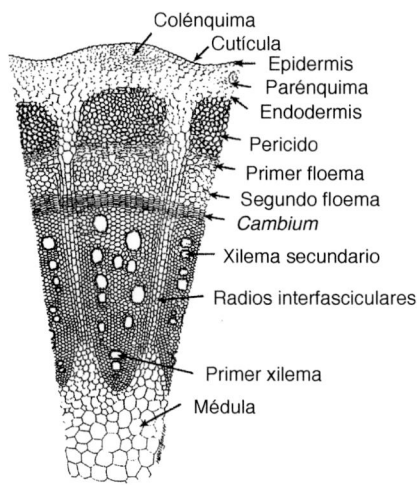

Colénquima
Cutícula
Epidermis
Parénquima
Endodermis
Pericido
Primer floema
Segundo floema
Cambium
Xilema secundario
Radios interfasciculares
Primer xilema
Médula

Anatomía de un pámpano (P. Viala).

tas por una *cutícula* rica en ceras. Las células de la epidermis pueden llevar distintas ornamentaciones: pelos lanosos, pelos cortos erizados, pelos aguijones, pelos glandulosos, etc. Bajo determinadas condiciones de alta temperatura y humedad, aparecen sobre la epidermis unas excreciones brillantes y traslúcidas denominadas *glándulas perladas*, de aproximadamente 1 mm de diámetro, que son órganos esféricos multicelulares. Estos cuando desaparecen pueden dejar una pequeña cicatriz, que es confundida muchas veces con puestas de huevos de parásitos.

– *Parénquima cortinal.* Formado por 8 a 10 capas de células más o menos poliédricas con algunos meatos entre ellas. Contienen cloroplastos, por lo que participa en la función clorofílica de la planta.

– *Colénquima.* Situado por debajo de la epidermis formando grupos aislados, con una estructura celular rígida de gruesas paredes celulósicas, ricas en almidón y oxalato de calcio, que deforman la epidermis, lo que hace que el ramo parezca longitudinalmente estriado.

– *Endodermo.* Es la capa más interna del parénquima cortical, cuyas células están cutinizadas y contienen numerosos granos de almidón.

El *cilindro central* del pámpano se desarrollará más cuando este se transforme en sarmiento, y consta de las siguientes partes del exterior al interior:

– *Periciclo.* Formado por una serie de cofias pericíclicas situadas delante de cada haz libero-leñoso, conteniendo cada una de 20 a 30 células poligonales ricas en celulosa y lignina.

– *Anillo libero-leñoso.* Constituido por 30 a 60 haces libero-leñosos de forma elíptica, separados entre sí por radios medulares o interfasciculares. Cada haz libero-leñoso presenta tres zonas: en el exterior, el periciclo que lo protege; en el centro, el *líber primario,* que conduce la savia elaborada descendente; y en el interior, la *madera* o *leño primario,* que transporta la savia bruta ascendente.

– *Radios interfasciculares* (también llamados *radios medulares*). Separan los haces libero-leñosos.

– *Médula.* Situada en el centro del pámpano, está formada por grandes células de paredes finas, celulósicas, ricas en agua, materias minerales y oxalato de calcio.

1.3.2. Anatomía del sarmiento

A medida que el pámpano envejece y se lignifica, su estructura se modifica como consecuencia de la *base generadora liberoleñosa* o *cambium.* Esta zona se diferencia rápidamente y divide sus células alternativamente, hacia el exterior, para formar el líber y, hacia el interior, para formar el leño. Esta división se produce de forma radial y concéntrica simultáneamente.

De forma centrífuga se forma el *líber secundario,* que comprende un *parénquima liberiano* cuyas células se disponen en filas longitudinales junto a los *tubos tamizados* o *liberianos.* Estos tubos conducen la savia elaborada y están for-

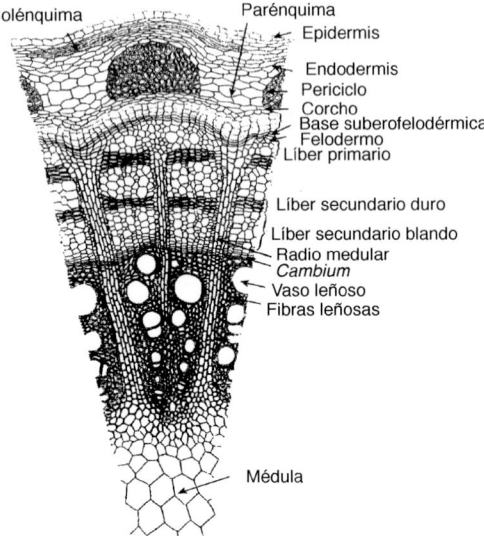

Anatomía de un sarmiento (P. Pacottet).

mados por tubos cilíndricos superpuestos, separados por tabiques oblicuos con 2 a 10 perforaciones, por donde pasa la savia elaborada. En invierno estas perfo-

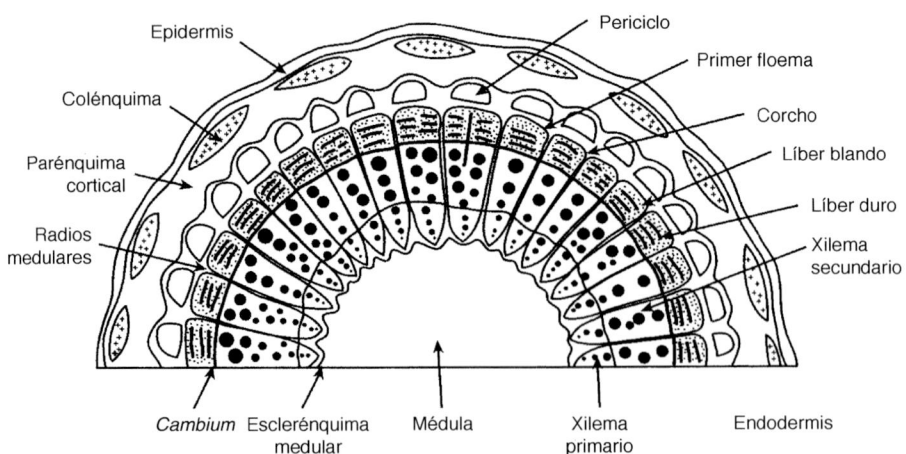

Esquema de la anatomía de un sarmiento (P. Galet).

raciones se obturan con la formación de *callos* de naturaleza caliza, que se disuelven en primavera para permitir de nuevo el paso de la savia.

En un principio, el *cambium* produce un *líber secundario blando,* mientras que, hacia el verano, se forma un *líber secundario duro,* generalmente constituido por 5 o 6 estratos de células normalmente lignificadas, que con el tiempo se van alternando y forman bandas de distintos colores.

De forma centrípeta, el *cambium* genera la *madera o leño secundario,* constituido por *vasos de madera* de paredes gruesas lignificadas, en forma de escalera, de diámetro entre 0,10 y 0,14 mm, por donde pasa la savia bruta, junto con *fibras leñosas* de forma fusiforme y de menor tamaño.

Después del verano, en la base del cilindro central se forma una *base suberofelodérmica,* que genera hacia el exterior células cuadrangulares que se suberifican, lo que da lugar al *corcho* y provoca de este modo el desprendimiento de la corteza en tiras; y hacia el interior, unas 2 o 3 capas de células, con sustancias de reserva denominadas *felodermo.* El conjunto de corcho y felodermo se denomina *peridermo,* y constituye una capa sinuosa y circular con salientes convexos en los haces libero-leñosos, y entrantes cóncavos donde se encuentran los radios medulares.

El *ritidoma* o corteza es el conjunto de tejidos muertos situados por encima del felodermo, que se desprenden de la vid anualmente en forma de tiras de color marrón oscuro.

En la base, cerca de la inserción o nacimiento de un pámpano principal, nacido de un trozo de sarmiento del año anterior, los entrenudos son cortos, y se alargan progresivamente a medida que se alejan de esa zona, hasta llegar a la mitad del desarrollo final alcanzado por el pámpano. A partir del ahí vuelven a acortarse hacia la punta, llamada *sumidad.*

Los pámpanos que nacen en el mismo año sobre otro pámpano anteriormente formado se llaman *nietos* o *hijuelos.* Estos presentan los entrenudos largos desde su base, que que se van acortando progresivamente hacia su punta o extremo. Los que nacen de yemas dormidas sobre madera vieja (brazos y tronco), llamados *esperguras* o *chupones,* tienen también los entrenudos largos desde su inserción, y su longitud decrece igualmente hacia la extremidad.

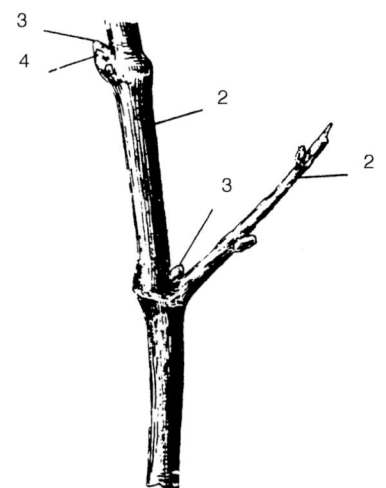

Trozo de pámpano con parte de un nieto (Luis Hidalgo): **1.** Pámpano principal; **2.** Nieto; **3.** Yema latente; **4.** Yema axilar que no ha brotado para dar lugar a un nieto o hijuelo.

Mientras crecen los *pámpanos*, su extremo constituye un *vértice vegetativo* o *de crecimiento*, que muere al agostarse el pámpano o por eliminación accidental o intencionada del viticultor (despunte). El crecimiento posterior queda asegurado durante el mismo año por los *nietos*, y el del año siguiente por las *yemas latentes*. Todo ello permite la ramificación de estos órganos.

En el nudo se insertan las *hojas*, las *yemas* u *ojos*, los *racimos*, y los *zarcillos*, cuando los hay, del modo siguiente:

— Las *hojas* se insertan en los nudos mediante sus rabillos o *pecíolos*, alternativamente opuestas (divergencia de 180º), situándose en un plano que pasa por el eje del pámpano.
— Los *zarcillos*, o bien los *racimillos de flor*, nacen también en el nudo, pero en el lugar opuesto a la inserción de las hojas.
— En cada nudo y en la axila de cada hoja se sitúan las *yemas*, por encima de su inserción. Por tanto, la vid no tiene yemas adventicias, es decir, yemas accidentales que nazcan en cualquier lugar del pámpano. Realmente esta yema es un *yemero* o conjunto de yemas, como se verá más adelante. En ocasiones, una de estas yemas (denominada *pronta* o *de brotación anticipada*) se desarrolla en el mismo año en que aparece y origina un brote lateral anticipado, llamado *nieto*, *hijuelo* o *feminela*,

con la misma estructura del pámpano principal: nudos, entrenudos, hojas, zarcillos, yemas, inflorescencias e infrutescencias.

Es fácil observar que hojas, yemas, zarcillos y racimos de un pámpano principal, oriundos de una yema latente del sarmiento, están situados en un mismo plano. También puede comprobarse que hojas, yemas, zarcillos y racimillos de los nietos o hijuelos, nacidos de ese pámpano principal, se sitúan en otro plano, perpendicular al primero.

1.4. Hojas

Cuando se siembra una pepita de vid, las hojas se disponen alrededor del tallo según una *espiral filotáxica* de 2/5, siendo necesario dar dos vueltas para encontrar la siguiente hoja en la misma posición y contando un número de 5 hojas. Sin embargo, cuando la planta es adulta o procede de una multiplicación vegetativa, las hojas presentan una filotaxia de 1/2, es decir, en posición alterna y opuestas en 180º.

Están compuestas por un rabillo o *pecíolo* y un ensanchamiento en lámina, llamado *limbo*, surcado por nervaduras de diferentes órdenes. Se omiten las estípulas caedizas de la base del pecíolo, por su escaso interés para el objeto que perseguimos y para no complicar más la exposición.

El limbo es la parte más importante de la hoja. Presenta un aspecto laminar

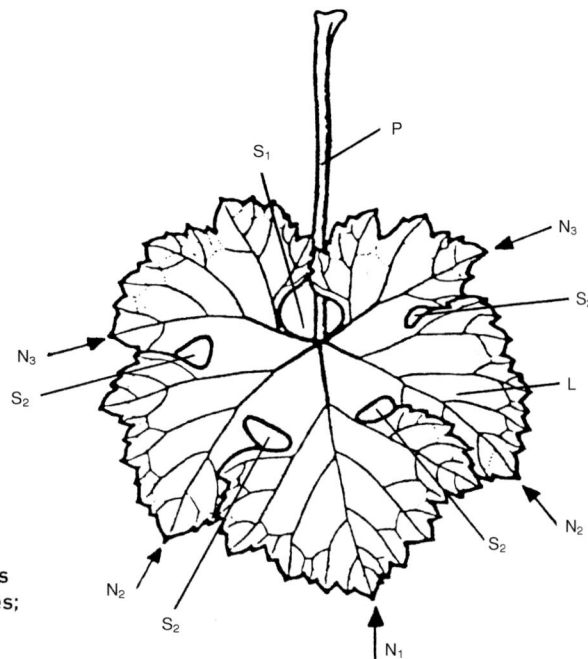

Hoja de vid (O.I.V.): L: Limbo; N_1: Lóbulo terminal; N_2: Lóbulos laterales; N_3: Lóbulos peciolares; S_1: Seno peciolar; S_2: Senos laterales.

pentalobulado, con cinco nervios principales, cinco senos y cinco lóbulos dentados. La superficie de la hoja varía de manera considerable, desde las más pequeñas, de unos 50 cm^2 *(Vitis rupestris)* hasta las más grandes, de más de 500 cm^2 *(Vitis coignetiae).*

Las hojas pueden tener varias formas:

Lobuladas	Cuneiformes
Enteras	Cordiformes
	Pentagonales
	Orbiculares
	Reniformes

Distinguiéndose en las mismas:

Haz	Lóbulo terminal
Envés	Lóbulos laterales
	Seno peciolar
	Senos laterales
	Nervio central
	Nervios laterales

La conformación de la hoja con sus características propias constituye el fundamento de la *ampelografía,* ciencia que estudia y describe las variedades de vid.

Al hacer un corte trasversal del limbo, se distingue: la *epidermis superior del haz,* cutinizada y con pocos estomas, formada por células rectangulares de 30-50 × 25-30 μm; la *epidermis inferior*

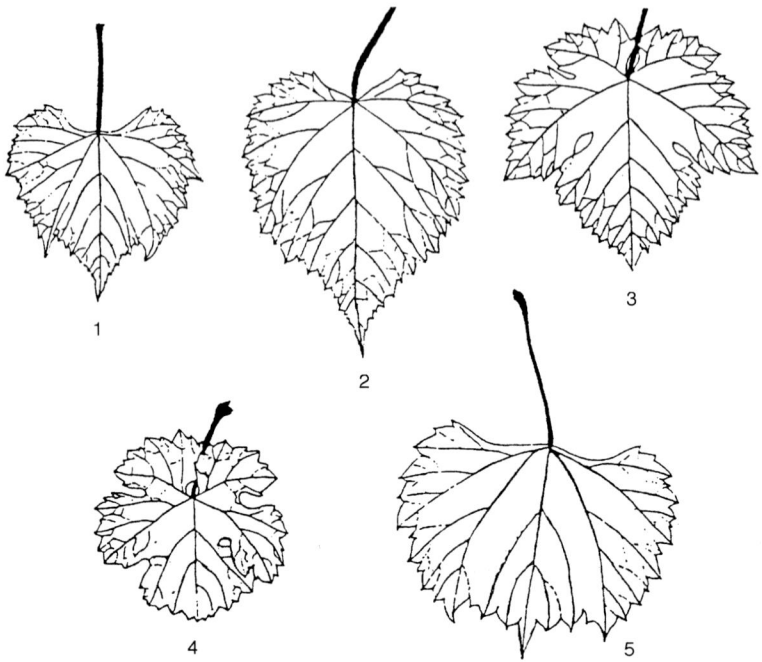

Formas de las hojas (O.I.V.): **1. Cuneiforme; 2. Cordiforme; 3. Pentagonal; 4. Orbicular; 5. Reniforme.**

del envés, menos cutinizada y con numerosos *estomas*, formada por 4 a 6 capas de células poligonales de 14-20 µm; y entre ambas epidermis, el *mesófilo.* La *cutícula* es una capa de unas 1,2 µm, prácticamente impermeable por estar cubierta de una capa cerosa, de composición muy similar a la *pruína* de las bayas, salvo en ácido oleanoléico, cuyo contenido es inferior. La epidermis inferior del envés lleva a menudo *pelos* de varios tipos (lanosos, pubescentes, espinosos y glandulosos), localizados principalmente en los nervios, y posee de 100 a 300 estomas por mm^2.

El *mesófilo,* constituido por células muy ricas en clorofila, presenta dos tipos de parénquima. Junto a la epidermis del haz se encuentra el *parénquima en empalizada* (clorofílico o fotosintético), formado por células prismáticas alargadas de 60-80 × 7-10 µm, dispuestas juntas como una empalizada. Junto a la epidermis del envés está el *parénquima lagunoso,* formado por células irregulares de forma sinusoidal, de tamaño 30-40 × 18-20 µm, con grandes espacios o *meatos* llenos de aire. Este aire penetra desde el exterior a través de los *estomas* y las *cámaras subestomáticas.* Las nerviaciones del limbo se sitúan principalmente en la zona del *parénquima lagunoso* y sobresalen por el envés de la hoja. Las grandes nervaduras principales contienen hasta 8 haces líbero-leñosos, con un periciclo no lignificado en la parte dorsal. En los nervios secundarios, la estructura se simplifica cada vez más hasta quedar solo un tubo en tráquea en espiral que se confunde con el parénquima.

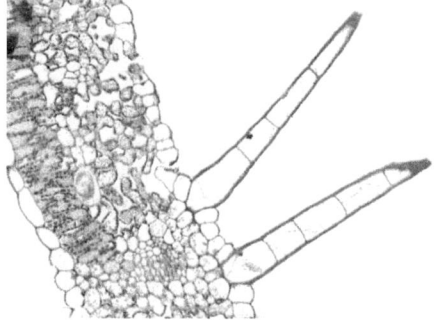

Pelos erguidos en un corte histológico de una hoja de vid al microscopio (P. Gago y otros).

Los *pelos de la vid,* también llamados *tricomas,* son apéndices epidérmicos que se originan a partir de las células epidérmicas y se desarrollan por encima de la superficie de diferentes órganos de las plantas, encontrándose en la vid en las hojas y los pámpanos bajo el grupo de tricomas no glandulares. Las variedades de la vid presentan una gran variabilidad, desde variedades sin pelos (glabras), como la *Mencía,* hasta variedades con pelos erguidos, pero no tumbados, como la *Chasselas*; también hay variedades con pelos tumbados, pero no erguidos, como la *Albariño,* y con ambos tipos de pelos, como la *Cabernet Sauvignon.* En la vid, la vellosidad de la hoja se corresponde también con la del brote. Los pelos erguidos vistos en el microscopio tienen apariencia de espinas y normalmente parten de los nervios de la hoja, mientras que los pelos tumbados se parecen a filamentos largos, cilíndricos o planos.

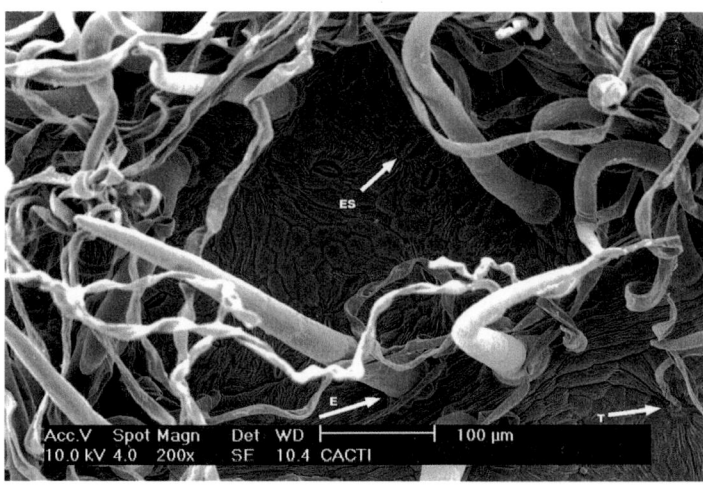

Vellosidad de una hoja de vid vista en un microscopio electrónico de barrido: T: Pelos tumbados; E: Pelos erguidos; E: Estomas (P. Gago y otros).

Estoma de una hoja al
microscopio electrónico
(Wikipedia).

Entre las funciones que se atribuyen a los pelos de las hojas, especialmente a los tumbados, está la protección de los tejidos frente a ciertas longitudes de onda como las ultravioleta, pues el color blanquecino de la vellosidad refleja estas radiaciones. También la vellosidad influye en la capacidad de humectación de las hojas, pues una pubescencia elevada supone una barrera hidrófuga muy eficaz que mantiene las gotas de agua alejadas de los estomas, al quedar retenidas por los pelos, lo que reduce el riesgo de enfermedades criptogámicas y, al mismo tiempo, contribuye a mitigar el estrés hídrico de las plantas. Los ataques de mosquito verde *(Empoasca vitis)* también están relacionados con la vellosidad de las hojas, pues la puesta de huevos se realiza sobre todo en los pelos erguidos situados sobre los nervios.

Los *estomas* están constituidos por dos células arriñonadas que se unen por sus extremos, dejando en el centro un orificio denominado *ostiolo,* que adopta una mayor o menor abertura. Cuando la hoja tiene abundante agua, las *células estomáticas* se dilatan y el ostiolo aumenta su abertura; por el contrario, si en la planta falta agua, las células estomáticas se contraen y el ostiolo disminuye su abertura e incluso se cierra en casos extremos. La apertura de los ostiolos permite la salida de agua por transpiración, mientras que su cierre evita la desecación de la planta. Este mecanismo de contracción y dilatación está inducido por el ácido abscísico formado en las raíces como respuesta a la disponibilidad de agua en el suelo.

En el mecanismo de apertura y cierre del ostiolo intervienen también la luz y la temperatura, pues las células estomáticas tienen clorofila y, consecuentemente, hay fenómenos de turgescencia y plasmólisis que los abren o cierran según

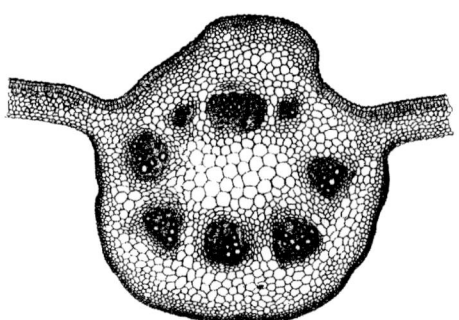

Corte de un nervio principal de una hoja
(P. Viala).

las circunstancias. Los estomas permanecen más o menos abiertos en presencia de luz y se cierran en la oscuridad.

La estructura del *pecíolo* es de una gran simplicidad: una epidermis con pocos estomas, y un parénquima interno que ocupa todo su espesor, conteniendo, en forma de media luna, los haces libero-leñosos, con el líber hacia la parte externa. Estos haces libero-leñosos, en número variable de 7 a 14, son los que continúan en las nerviaciones del limbo. Las *estípulas* son unos órganos verdes, de forma oval alargada o cuadrada con ángulos redondeados, que nacen sobre el pecíolo y se desprenden temprano.

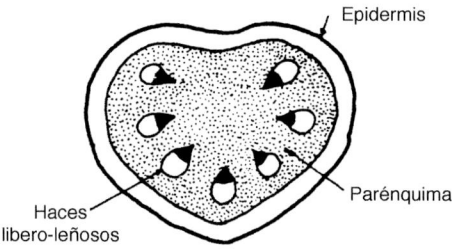

Estructura de un pecíolo (A. Reymier).

Las funciones de las hojas son de una gran complejidad, pues en ellas los elementos minerales disueltos en agua absorbidos por el sistema radicular, que constituyen la *savia bruta,* se transforman en *savia elaborada,* que nutrirá a todos los órganos de la planta a través de los *vasos liberianos.* Por ello, a la hoja se la denomina el "laboratorio de la planta". Comprende la *asimilación clorofílica* o *fotosíntesis,* la *respiración* y la *transpiración.*

La *función clorofílica* es la elaboración de nutrientes a partir de elementos inorgánicos simples (anhídrido carbónico y agua) utilizando para ello la energía proveniente de la luz. Esta energía es captada por los pigmentos verdes que se encuentran en las células de las hojas, los *cloroplastos,* los cuales contienen *clorofila,* que combina el anhídrido carbónico extraído del aire con el agua proveniente del suelo absorbida por las raíces, desprendiendo oxígeno. De esta combinación surgen los hidratos de carbono (azúcares, almidón, etc.).

El anhídrido carbónico que interviene en la fotosíntesis penetra en la planta por los estomas. La liberación de oxígeno también se efectúa por las mismas aberturas.

En lo que respecta al agua, esta penetra por las raíces, asciende por los vasos leñosos y llega al tejido esponjoso de la hoja; luego se difunde en las células adyacentes, humedeciendo las superficies que bordean los espacios de aire de este tejido. Menos del 1 % del agua tomada por la planta se utiliza en la fotosíntesis.

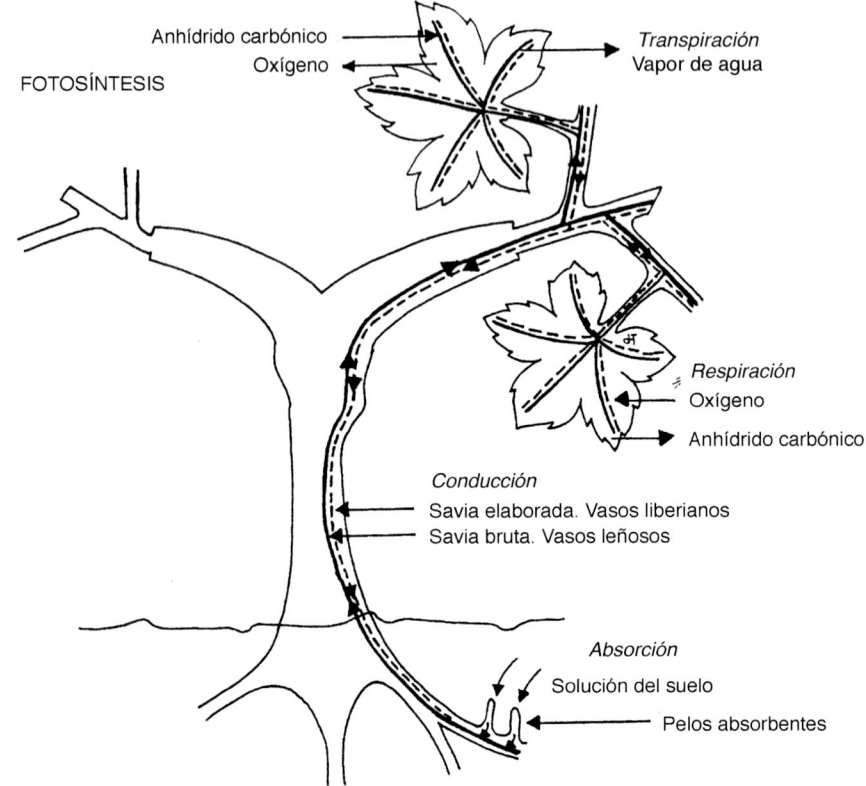

Esquema funcional de la planta (Luis Hidalgo y José Hidalgo).

La glucosa es el nutriente básico que surge del proceso descrito. A partir de ella se sintetizan todos los demás elementos (proteínas, grasas, etc.), aunque también se utiliza de forma directa. La glucosa que la planta no utiliza de inmediato origina otros hidratos de carbono, por ejemplo, la fructosa (uno de los azúcares presentes en la uva madura), el almidón (elemento de reserva fundamental) y la celulosa (componente de los diversos tejidos de la cepa).

Las proteínas, además de anhídrido carbónico y agua, requieren para su síntesis otros elementos absorbidos por las raíces, tales como nitrógeno, fósforo, etc. A diferencia de las proteínas, las grasas surgen directamente del azúcar, es decir, no se combinan con otros elementos, pero la relación del carbono y del oxígeno es menor.

La función clorofílica no es exclusiva de las hojas, también se produce en todos los órganos verdes de la planta, aunque es mucho más importante en aquellas que están específicamente adaptadas para ello.

Las plantas, al igual que los demás seres vivos, respiran; en su caso, lo hacen a través de las hojas, que absorben el oxígeno presente en el aire y expulsan el gas carbónico. Esta función, vital para la cepa, se realiza mediante los estomas.

Habíamos visto que, mediante el mecanismo de la fotosíntesis, el vegetal, a partir de sustancias elementales, elabora nutrientes complejos. Junto con este proceso de construcción, se desarrolla otro de índole destructiva, que transforma los alimentos complejos en sustancias simples. Este doble cambio, de construcción y destrucción, se produce simultáneamente, pues ambos procesos están íntimamente relacionados.

La *respiración* constituye, de manera principal, el proceso destructivo, al liberar energía que la planta aprovecha para movilizar los demás cambios químicos que se producen en ella, además de la fotosíntesis. Mediante este proceso, el azúcar se transforma en sustancias más simples. La respiración actúa de manera inversa a la fotosíntesis: en esta última se almacena energía, mientras que en la respiración se libera. El oxígeno reacciona con el hidrógeno y el carbono del azúcar y forma agua y anhídrido carbónico, liberando energía. La cepa utiliza esta energía para el crecimiento, la reproducción, la formación de frutos, la absorción de nutrientes, la constitución de diversas sustancias químicas, como los ácidos tartárico y málico, los taninos, etc.

La *transpiración* es la función mediante la cual la planta elimina en forma de vapor el exceso de agua absorbida por las raíces. Se lleva a cabo fundamentalmente por las hojas, a través de los estomas, pero también las flores y los tallos verdes pueden desempeñar dicha función.

Como los nutrientes requieren soluciones muy diluidas para su absorción por los *pelos radicales*, el exceso de agua que no necesita es eliminado por la *transpiración*. La transpiración se incrementa con la sequedad del aire, la luz, el calor y los vientos, y disminuye con la humedad ambiente y los fríos.

1.5. Zarcillos

El origen de los *zarcillos* es el mismo que el de las inflorescencias, y pueden considerarse inflorescencias estériles. Los zarcillos ocupan la misma posición que estas: en un nudo del pámpano y en el lado opuesto a la hoja, con frecuencia presentan varios botones florales.

La extremidad de los zarcillos libres se curva formando una especie de espiral sobre sí misma, pero, cuando encuentra un soporte, el costado frente a este se curva y se enrosca, consecuencia del desigual crecimiento de sus partes. Mientras el zarcillo no se enrosca, permanece verde, pero, al hacerlo, se lignifica intensamente, dando sujeción al pámpano. Si el zarcillo no encuentra apoyo, acaba enrollándose en una espiral de pocas vueltas.

En las vides *Muscadineas,* los zarcillos son simples y, en las *Euvitis,* apare-

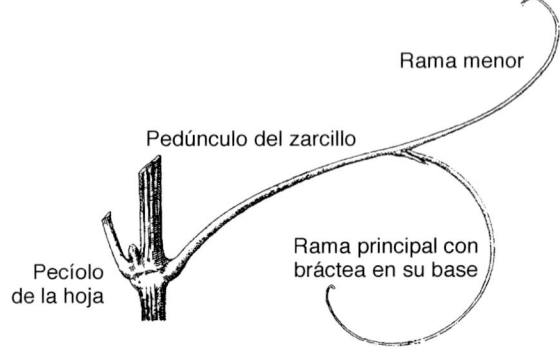

Zarcillo de la vid (Darwin-P. Galet).

cen ramificados. Dentro de estas últimas, en *Vitis labrusca* existen en todos los nudos, lo que no ocurre en las restantes, donde su disposición es cíclica. El zarcillo está formado por tres partes: el *pedúnculo basilar*; la *ramificación principal* o *mayor,* que gira hacia abajo y lleva una pequeña bráctea en su parte inferior de donde brota, y la *ramificación menor,* que gira hacia arriba como continuación del pedúnculo basilar.

Para esquematizar la disposición de los zarcillos en los pámpanos, P. Galet empleó la siguiente nomenclatura, anotando como 0 el nudo sin zarcillo, y sucesivamente 1, 2, 3… *n* los nudos con zarcillos o inflorescencias, pudiendo darse los siguientes casos:

- Disposición regularmente intermitente: 0-0-0-2-0-2-0-2-0-2-0-2. Es la que corresponde a la *Vitis vinifera* y a la mayor parte de las *Vitis.*
- Disposición continua: 0-0-0-*n.* A excepción de los 3 o 5 primeros nudos libres, el resto presenta zar-

cillos o inflorescencias. Corresponde particularmente a la *Vitis labrusca.*
- Disposición subcontinua: 0-0-0-3-0-4-0 o 0-0-0-4-2-0-2-0-2. Corresponde a algunos descendientes de la *Vitis labrusca,* tales como: *Noah, Othello, Clinton,* etc.

1.6. Yemas

Todas las yemas de la vid están constituidas externamente por varias escamas de color pardo, más o menos acentuado, recubiertas interiormente por abundante borra blanquecina (lanosidad) que protege los *conos vegetativos* con su *meristemo* terminal, el cual asegura el crecimiento del pámpano. Estos conos no son más que brotes en miniatura con todos sus órganos en versión reducida: hojitas, pequeños zarcillos, racimillos de flor y bosquejos de yemas.

Las *yemas latentes* de la vid rara vez son simples. En la mayoría de los casos,

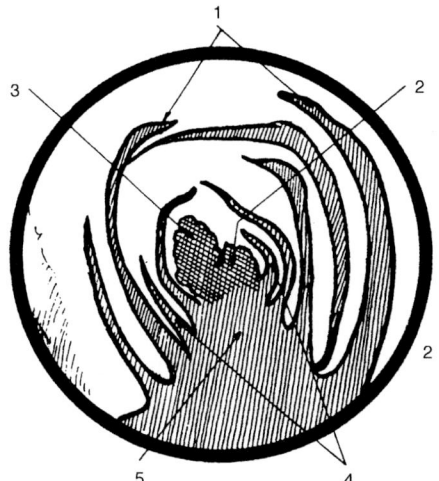

Sección de una yema
(Luis Hidalgo):
1. Escamas;
2. Ápice vegetativo;
3. Racimillo;
4. Hojitas;
5. Cono vegetativo.

cada yema presenta varios *conos vegetativos.* El más importante o primordial contiene, entre sus escamas, uno o dos *conos vegetativos secundarios;* a su vez, entre las escamas de estos *conos secundarios* pueden insertarse otros *terciarios,* etc. Por tanto, una yema puede contener uno, dos, tres o más conos vegetativos, cada uno de los cuales representa un brote con todos sus órganos en miniatura.

La organización de estos conos es más simple cuanto más elevado es su rango. Así, un cono vegetativo de primer orden contiene normalmente dos racimillos de flor; uno de segundo orden tiene generalmente uno; los terciarios no tienen ninguno.

En el mismo nudo de un sarmiento pueden, por tanto, insertarse, en primavera, varios brotes o pámpanos originados por el desarrollo simultáneo de distintos conos vegetativos, que generalmente se

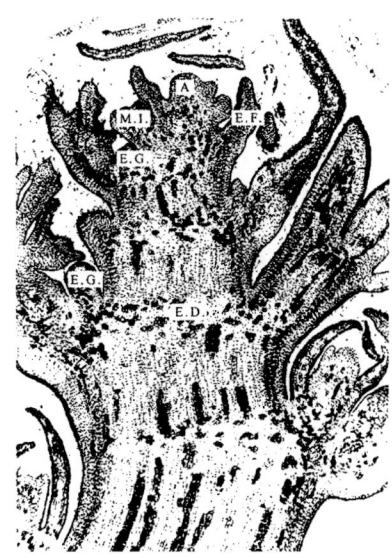

Sección de una yema de vid en la que se aprecian los conos de orden superior insertos entre las escamas del cono primordial. (A. C. Bernard).
A: Ápice; EF: Esbozo foliar; ED: Esbozo del diafragma; MI: Meristemo de la inflorescencia; EG: Esbozo yemario.

estorban entre sí durante el período vegetativo. Aunque es un hecho raro, se da en algunas variedades como la *Albariño*.

Como premisa de importancia capital, señalamos que los racimillos de flor (inflorescencias) aparecen en los conos vegetativos durante su formación, lo que coincide con la fase de crecimiento de la vid. Perfeccionan su organización hasta el agostamiento de los pámpanos y aumentan su tamaño en la fase de acumulación de reservas. Tanto su número como el de las florecillas que los forman quedan fijados definitivamente al final de dicha fase de crecimiento y dependen también del nivel de iluminación de los pámpanos.

En un orden relativo, los conos vegetativos de las yemas axilares, situadas

en la inserción de las hojas, que realmente constituyen un *yemero*, como también se denomina, guardan unas posiciones características. Inmediatamente por encima del plano de inserción del pecíolo, ligeramente descentrada, se presenta la *yema pronta* o de *brotación anticipada*; a continuación, en el mismo plano, pero centrada respecto a la base del pecíolo, se sitúa la *yema latente*, con su posible organización compleja. Dentro de la yema latente, la primera posición, centrada respecto a la base del pecíolo, la ocupa el *primer cono secundario;* continuando en la misma directriz longitudinal del anterior, también centrada, pero en un plano superior, se sitúa el *cono primordial*, y, por último, también centrada, pero en un plano más superior, está el *segundo cono secundario,* en posición prácticamente simétrica a la primera, respecto al cono principal. La disposición de posibles conos terciarios y de mayor rango, dentro de la yema latente, es naturalmente más compleja.

Aparentemente podría pensarse que, en el desarrollo de una yema latente, entrarían en actividad todos los conos vegetativos que la integran, lo que solo acontece en casos excepcionales por el impulso de un vigor excesivo de la planta. Normalmente solo se desarrolla el cono primordial, ya que los de rango inferior sufren una inhibición hormonal por parte de aquel. Estos solo entran en crecimiento si el cono primordial es destruido accidentalmente por causas externas, tales como heladas, granizos, vientos o daños mecánicos.

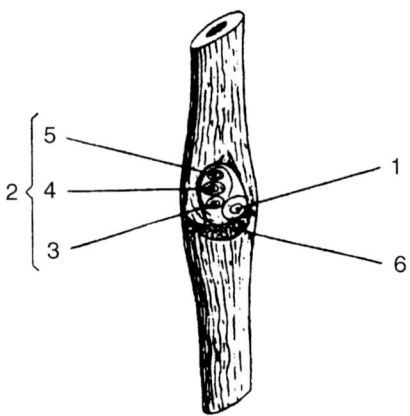

Organización de una yema axilar (yemero): 1. Yema pronta o de brotación anticipada; 2. Yema latente o franca; 3. Primer cono secundario; 4. Cono primordial; 5. Segundo cono secundario; 6. Inserción del pecíolo.
(Luis Hidalgo y José Hidalgo).

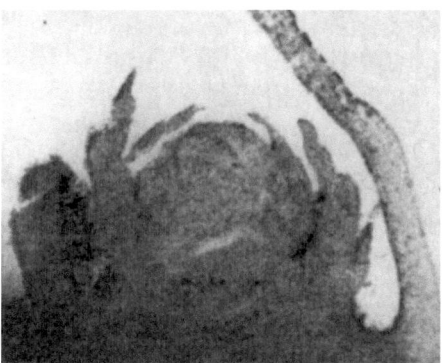

Yema infértil del primer nudo de la variedad *Sultanina* (Luis Hidalgo).

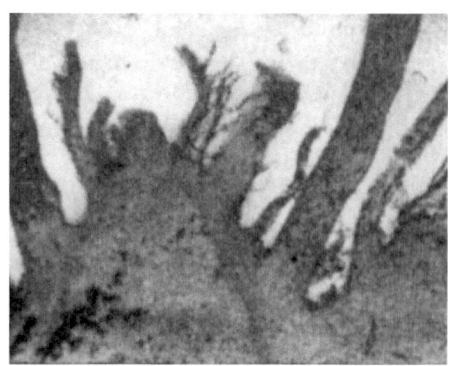

Yema infértil ciega de la variedad *Verdejo* (Luis Hidalgo).

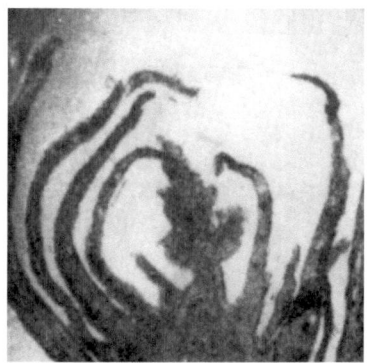

Yema fértil de tercer nudo de la variedad *Ohanes* (Luis Hidalgo).

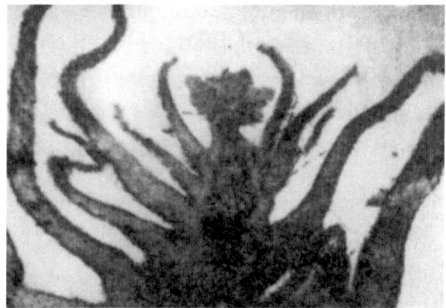

Yema muy fértil del noveno nudo de la variedad *Bobal*. Debido al proceso de observación se presentan las brácteas abiertas, algunas desgarradas (Luis Hidalgo).

Cono vegetativo principal y secundarios de una yema fértil en el nudo doce de la variedad *Verdejo* (Luis Hidalgo).

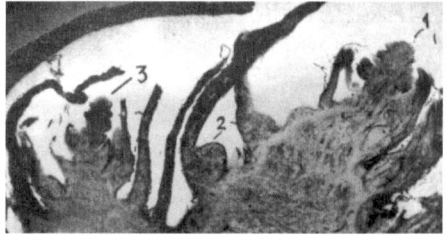

Sección de yema latente de la variedad *Rosaki:* 1. Cono vegetativo principal; 2. Cono vegetativo iniciado de orden superior; 3. Cono vegetativo secundario (Luis Hidalgo).

Cabe señalar que, cuando las *yemas prontas* se desarrollan dando lugar a los nietos, estos siempre están situados por debajo de las *yemas latentes,* considerando el sentido de crecimiento del pámpano. Por tanto, la cicatriz de su supresión aparece por debajo del nacimiento de los pámpanos o brotes principales, provenientes del desarrollo de las yemas latentes. Este nieto o hijuelo tiene la misma estructura general que los pámpanos de los que proviene, aunque evidencia su origen y retraso en la brotación, fertilidad y desarrollo.

La mayor o menor complejidad de las yemas, y consecuentemente su grado de fertilidad en las *yemas de fruto,* o su ausencia en las *yemas de madera,* no es externamente diferenciable, como ocurre en ciertos frutales.

En la base del sarmiento, en su inserción con la madera vieja, se hallan varias yemas, llamadas *basilares, ciegas, contraciegas* y *casqueras*; pero, entre la mayoría de nuestras viníferas, solamente la *ciega* suele contener un racimillo de flor, faltando dichos elementos en las demás.

La brotación y el desarrollo accidental de pámpanos que nacen sobre madera vieja indican la existencia de yemas latentes bajo la corteza. Estas tienen su origen en yemas latentes o de brotación anticipada del sarmiento que no brotaron en su momento, o, más frecuentemente, en las yemas basilares, ciegas, contraciegas y casqueras que quedaron dormidas sin desarrollarse.

Hemos visto la desigual fertilidad que presentan los conos vegetativos primarios,

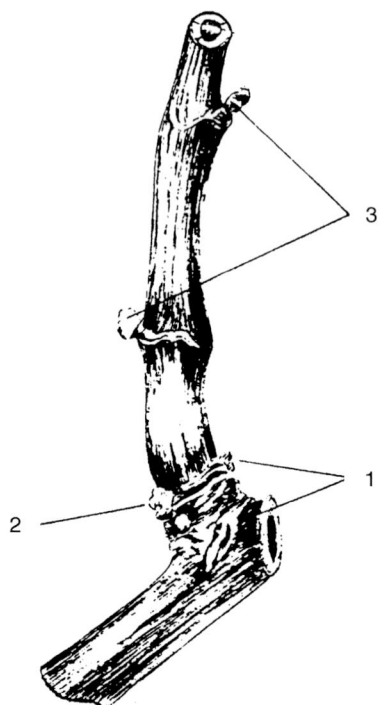

Inserción de un pulgar: 1. Yemas casqueras; 2. Yema ciega; 3. Yemas latentes (Luis Hidalgo).

secundarios, terciarios, etc., que depende de su situación en las yemas. Pero hay otros factores determinantes, como la posición sobre la cepa y sobre el sarmiento, según analizaremos a continuación.

1.6.1. Yemas y conos que nacen sobre madera vieja (adventicias)

Cierto número de conos que tienen su asiento en yemas latentes del sarmiento, o bien en yemas que, de haber brotado, habrían originado nietos o también, principalmente, en las yemas ciegas y contraciegas (basilares) pueden quedar dormidos, es decir, sin suficiente desarrollo para producir brote. Estos conos, insertos, como todos, sobre la zona de madera, no mueren. Algunos se ven sumergidos progresivamente por las capas anuales de madera nueva que forma el *cambium,* por lo que pierden contacto con el exterior y quedan incapacitados definitivamente para desarrollarse. Otros, sin embargo, manifiestan todos los años alguna actividad vegetativa y, aunque no broten, esta actividad es suficiente para que su eje se alargue ligeramente e incluso se ramifique, emergiendo o apuntando a la superficie de la corteza. Cuando algún factor concentra la actividad vegetativa sobre estos últimos conos (helada, poda severa, etc.) se desarrollan como pámpanos denominados *esperguras* o *chupones,* que son de fertilidad variable.

En nuestra vid *(Vitis vinifera),* estos conos son, generalmente, infértiles, lo cual se explica porque unos conos son oriundos de yemas infértiles de por sí (yemas basilares), y otros, aun proviniendo de yemas fértiles, tienen la región del cono vegetativo que lleva los racimillos sumergida en la capa de madera formada posteriormente cada año, por lo que su desarrollo dará un pámpano infértil. Solo son fértiles cuando estos racimillos están situados en el cono vegetativo lo suficientemente altos para librarse de dicha sumersión.

Este último fenómeno, que, como hemos dicho, es poco corriente en nuestra vid, se da a menudo en las de otras especies *(Vitis rupestris* y *Vitis riparia)* y en algunos de sus híbridos.

1.6.2. Yemas y conos de las esperguras o chupones

En la mayoría de nuestras variedades, estos pámpanos que nacen de la madera vieja no solo han perdido su fertilidad propia, sino que también los conos vegetativos contenidos en sus yemas latentes, al tener una organización rudimentaria, se presentan prácticamente desprovistos de racimillos.

1.6.3. Yemas y conos basilares

Ya se ha señalado que los conos de estas yemas tienen una organización elemental y no llevan racimillos de flor, a excepción del más importante y destacado de una de ellas, la yema ciega, que a menudo lleva uno. En circunstancias y podas ordinarias suelen quedar dormidas; sin embargo, cuando sobreviene la destrucción de las yemas superiores del sarmiento o de sus brotes en desarrollo (por rotura, helada, pedrisco, viento, etc.), evolucionan a brote, siendo infértiles sus pámpanos, a excepción del originado por la ciega, que, como se ha dicho, suele llevar un racimo. En casos excepcionales y para variedades muy fértiles, las yemas basilares pueden tener una gran fertilidad *(Airén, Pedro Ximénez,* etc.).

1.6.4. Yemas y conos del sarmiento formados en el ciclo vegetativo del año anterior

Este sarmiento puede incluso nacer de otro sarmiento de fertilidad ya comprobada al estar inserto sobre una espergura agostada, e incluso salir de otro sarmiento originado por una yema basilar. En todos los casos, los conos, y, por tanto, las yemas, pueden ser fértiles (excepto las basilares).

Esta fertilidad, en buen número de *Vitis vinifera,* se manifiesta en mayor grado (dan más racimos) en las yemas situadas hasta la mitad, por la razón ya expuesta de que pueden tener diversos conos vegetativos fértiles. Hacia la punta no suelen contener más que un racimo, y algunas ninguno. Aparte de la yema ciega, que, insistimos, lleva generalmente uno, las primeras cuatro o cinco suelen llevar dos racimos, salvo en un reducido número de variedades.

El diferente grado de fertilidad de las yemas latentes en un mismo pámpano o sarmiento es una consecuencia lógica de su desarrollo, cuya complejidad varía según los diferentes períodos críticos de la vegetación. Al iniciarse la brotación y el desarrollo de las primeras yemas, la vid dispone casi exclusivamente de sus reservas, ya que sus órganos vegetativos aún no pueden elaborar y transformar nuevos alimentos. De forma si-

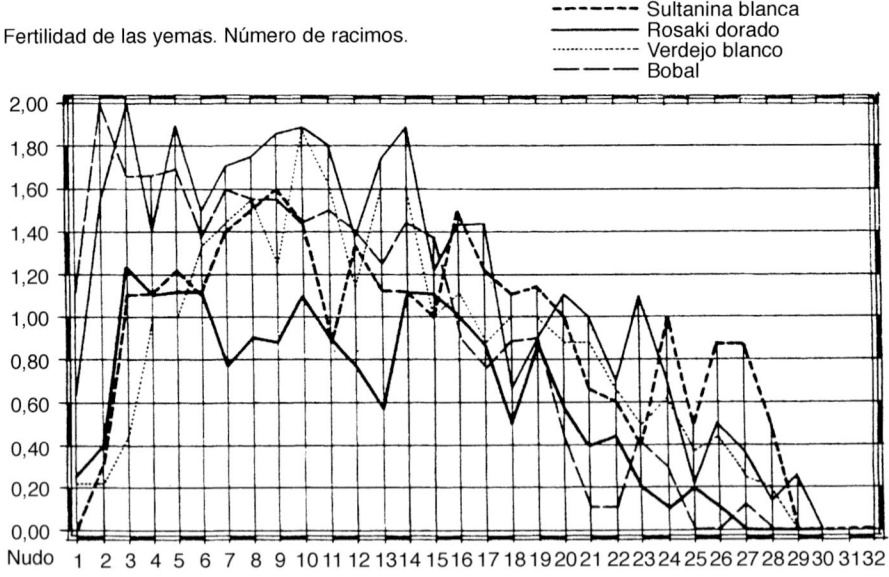

Fertilidad de las yemas. Número de racimos.

——— Uva de Almería
- - - - - - Sultanina blanca
——— Rosaki dorado
··········· Verdejo blanco
— — — Bobal

Variación de la fertilidad de las yemas según su posición en el sarmiento y variedad de *Vitis vinifera* (Luis Hidalgo).

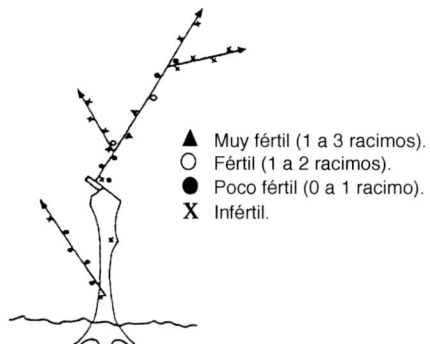

▲ Muy fértil (1 a 3 racimos).
○ Fértil (1 a 2 racimos).
● Poco fértil (0 a 1 racimo).
X Infértil.

Fertilidad de las yemas según su posición en la cepa (Luis Hidalgo y José Hidalgo).

milar, al final del ciclo vegetativo se paralizan paulatinamente las funciones nutritivas. En cambio, durante el período intermedio de máxima vegetación, las yemas —como todos los demás órganos de la vid— alcanzan su máxima perfección y completo desarrollo. Por tanto, las yemas extremas de los sarmientos, formadas en los períodos iniciales y finales de la vegetación, presentan una constitución menos diferenciada y menor fertilidad que las de la parte media.

El inicio de la fertilidad de las yemas ciegas y latentes, dentro de su ordenación general en el sarmiento, depende de la variedad de vid cultivada, conocimiento fundamental en viticultura. Existen variedades en que la yema ciega y las primeras latentes son prácticamente infértiles o, en todo caso, de baja fertilidad *(Sultanina, Ohanes, Palomino, Verdejo,* etc.), mientras que otras, por el contrario, desde las primeras yemas presentan una fertilidad muy acusada *(Pedro Ximénez, Airén,* etc.). Sin embargo, la situa-

ción más frecuente es que la yema ciega lleve un racimo, y las inmediatas latentes, dos. En cualquiera de los casos, con menor o mayor fertilidad de las yemas basales, se produce un incremento constante hasta la mitad del sarmiento, desde cuya posición, la fertilidad disminuye progresivamente.

1.6.5. Yemas y conos de los nietos e hijuelos

Ya hemos dicho que, cuando la yema —menos abultada y más afilada— se desarrolla en pámpano el mismo año de su formación (brota anticipadamente), su cono vegetativo no llega a organizarse completamente. Este pámpano o nieto apenas produce uno o dos racimillos pequeños, o incluso ninguno. Al florecer tarde, generalmente no tienen tiempo de madurar en nuestros climas, salvo muy contadas excepciones (variedades bíferas o de dos vendimias). Su fruto se denomina *racima, agraz* o *rebusco.*

Como nota final, resumiendo todo lo expuesto sobre la fertilidad de los conos vegetativos, podemos decir que el podador, salvo en podas extremadamente cortas (a la *ciega* o a una *yema franca* y la *ciega),* solo debe considerar como yemas de fertilidad normal aquellas situadas en sarmientos que se asienten a su vez sobre otros (pulgares o varas) del año anterior, descartando las *basilares, ciega* y *contraciegas.* Estas yemas de fertilidad normal, que generalmente contienen dos racimos, suelen denominarse *yemas fran-*

cas, y así las llamaremos en lo sucesivo. También añadiremos que el tamaño de los racimos y la perfección de su estructura son tanto mayores cuanto mejor organizadas estén las yemas o, mejor dicho, los conos vegetativos que contienen; y precisamente, son las de la mitad del sarmiento las que ofrecen esta condición óptima.

El número de inflorescencias o de flores en relación con el número de yemas francas dejadas en la poda expresa la *fertilidad potencial*, y en relación con las yemas brotadas, la *fertilidad práctica*.

1.7. Flores

Las flores de la vid se agrupan en *inflorescencias en racimo* y su conformación se realiza dentro de las yemas fértiles. Desde la aparición de las yemas fértiles en el pámpano, en el interior de sus conos vegetativos existen grupos especiales de células que se multiplican rápidamente, a la par que crecen la yema y el pámpano que la sustenta, para formar estas flores. Como ya se mencionó, en miniatura, las inflorescencias (racimillos) quedan formadas definitivamente en la yema, esto es, con su arborescencia y el número de florecillas que tendrán al terminar la fase de crecimiento de la vid.

Al año siguiente, al brotar dicha yema y originar el pámpano correspondiente, se destacan de este los racimillos de flores (inflorescencias), con la disposición peculiar de cada variedad de vid: con un eje principal del que parten ramificaciones de segundo orden dispuestas

Racimillo de flores de vid.

en espiral; de estas, otras de tercer orden, etc., y las últimas son pedunculillos o cabillos cortos terminados en las flores. La segunda ramificación de los racimos, o bien es más reducida, o está ausente, o se transforma en un zarcillo. En las especies de *Vitis* espontáneas, las inflorescencias son simples y pequeñas, y el eje principal solo lleva pequeños ejes secundarios sobre los que se asientan las flores en pequeños grupos. Las flores son siempre de pequeño tamaño, variando desde los 2 mm para las *Vitis berlandieri,* hasta los 6 o 7 mm para las *Vitis labrusca,* midiendo para la mayor parte de las *Vitis vinifera* unos 4 o 5 mm.

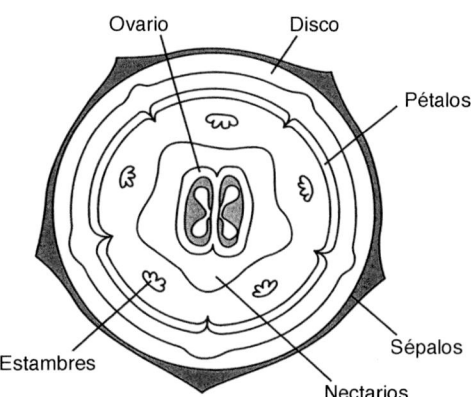

Diagrama floral de la vid hermafrodita (P. Galet).

La flor típica de la vid es pentámera, con cinco elementos, aunque con bastante frecuencia aparecen flores hexámeras (seis elementos) y más raramente heptámeras (siete elementos) e incluso tetrámeras (cuatro elementos).

Una flor hermafrodita (el caso más frecuente en nuestras viníferas) está for-

mada por los siguientes elementos: el *pedunculillo* o *cabillo* (conducto provisto de sistemas vasculares por donde se conduce la savia bruta, y principalmente la savia elaborada, necesaria para el desarrollo y la madurez de las partes perdurables de la flor, que, tras la fecundación, originan un grano de uva); el *cáliz* (for-

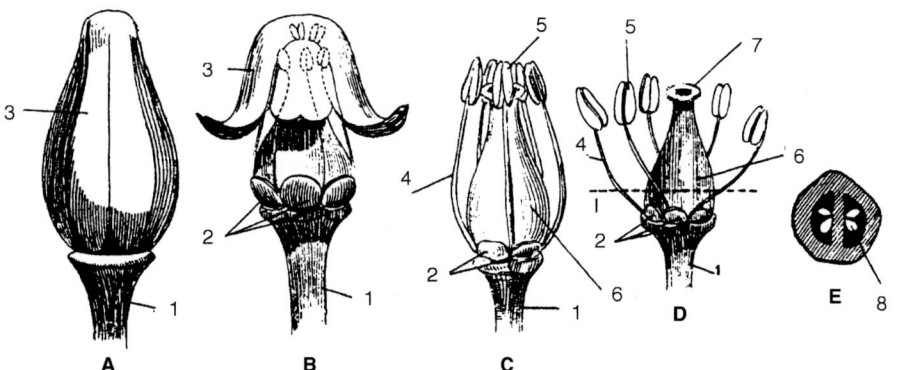

Flores de vid en diferentes estados de desarrollo (Luis Hidalgo): **A.** Flor cerrada; **B.** Flor abriendo; **C** y **D.** Flor recién abierta con la corola caída; **E.** Sección por I-II. 1. Pedunculillo; 2. Cáliz; 3. Corola; 4. Filamento del estambre; 5. Anteras; 6. Pistilo; 7. Estigma del pistilo; 8. Óvulo.

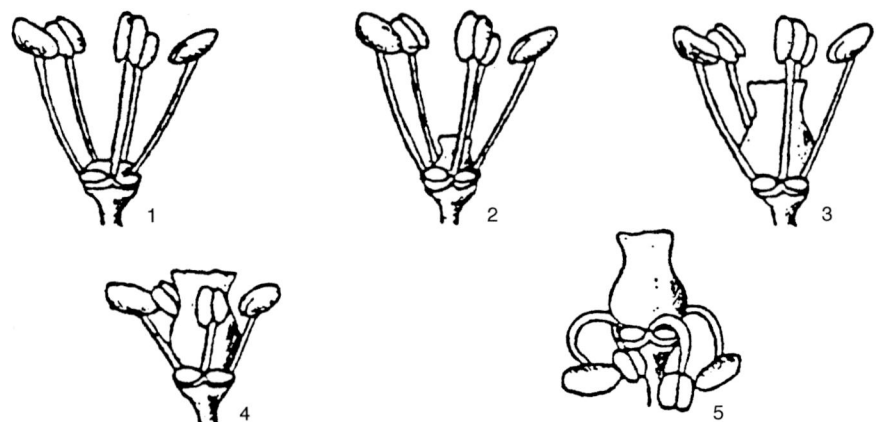

Sexo de las flores de vid (Luis Hidalgo): **1. Masculina; 2. Masculina a hermafrodita; 3. Hermafrodita; 4. Femenina con estambres erguidos; 5. Femenina con estambres reflejos.**

mado por cinco sépalos soldados de color verde); la *corola* (con cinco pétalos soldados superiormente, que constituyen la *caliptra*, de apertura ínfera o de dehiscencia caliptreada); el androceo o los *estambres* (en número de cinco y opuestos a los pétalos, compuestos de *filamento* y *anteras dobles*, que contienen los *granos de polen*, también caedizos tras cumplirse la fecundación). El grano de polen parece un pequeño grano de trigo, con un surco longitudinal cuando está seco, pero parece esférico cuando está húmedo, mostrando tres suturas radiales, cada una con un poro de forma romboidal por donde emerge el tubo polínico al germinar. La pared de los granos de polen está formada, de fuera hacia dentro, por la *exina* (capa exterior cutinizada que se subdivide en la *ectexina*, capa externa de estructura muy compleja, y la *endexina* interna, con una relación ectexina/ende-

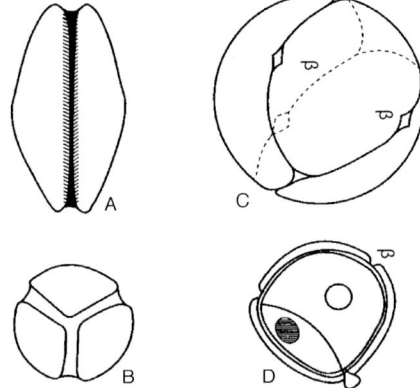

Estructura del grano de polen (L. Levadoux):
A) Polen seco.
B) Polen hidratado.
C) Polen visto por la punta.
D) Vista de los tres poros.

xina de $^1/_3$ a $^1/_4$, según especies de *Vitis*) y la *intina* hacia el interior.

La parte femenina, o gineceo, se apoya sobre un *disco superior* formado por 5 nectarios de color amarillo anaranjado que se alternan con los estambres. Estos nectarios poseen un jugo azucarado y desprenden un perfume suave, penetrante y característico, muy perceptible en el viñedo durante la floración, siendo más intenso en las plantas masculinas *(Rupestris de Lot)* para atraer a los insectos y facilitar la fecundación cruzada. El gineceo posee un *ovario* o *pistilo* súpero, en forma de botella, cuya panza o cavidad ovárica está dividida en dos *carpelos,* conteniendo cada uno dos *óvulos* de placentación parietal. Algunas vides, como la *Cariñena,* poseen tres carpelos, o la *Alphonse Lavallée,* con dos, tres, cuatro o cinco carpelos. El cuello de la botella, denominado *estilo,* termina en una especie de ensanchamiento o boca, llamado *estigma,* en forma de pequeña corona blanca, que segrega un líquido azucarado espeso.

El *óvulo* comprende tres partes:

- Un cuerpo central denominado *nucela,* que inicialmente aparece sobre la placenta del ovario.
- Dos *tegumentos* que rodean la nucela como una funda: el externo o *primina* y el interno o *secundina,* los cuales dejan en un extremo una estrecha abertura o *micropilo,* a través del cual la nucela se comunica con el exterior.
- Un fino cordón alargado denominado *funículo,* que fija el óvulo a la placenta, compuesto por un haz conductor libero-leñoso.

La nucela está formada por tejido parenquimatoso. En la zona situada bajo el micropilo, una célula subepidérmica aumenta de volumen y se divide en dos: la superior origina un tejido denominado *casquillo,* mientras que la inferior, mediante dos divisiones sucesivas con reducción cromosómica, forma cuatro células superpuestas denominadas *tetrádicas,* situadas bajo el casquillo. La célula más interna de esta línea aumenta considerablemente de tamaño y forma el *saco embrionario,* que acaba aplastando y digiriendo a las otras tres células y al casquillo. En este saco embrionario, el núcleo se divide sucesivamente (primero en dos, luego en cuatro y, finalmente, en ocho), y se forman tres células en la par-

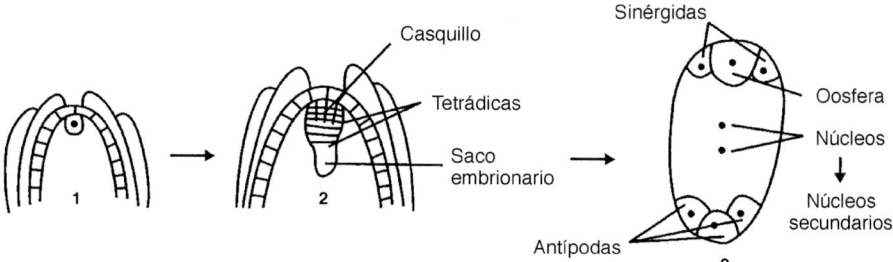

Estructura del óvulo (P. Galet): **1.** Óvulo; **2.** Nucela; **3.** Saco embrionario.

te superior: la *oosfera* central (con un núcleo de *n* = 19 cromosomas), flanqueada por las *sinérgidas*. En la parte inferior se sitúan tres células denominadas *antípodas*. En el centro hay una célula con dos núcleos que se fusionan formando otro de 2*n* cromosomas.

Existen excepcionalmente variedades con flores unisexuales masculinas o femeninas, por malformación de los estambres o del pistilo, así como variedades en las que el polen de las anteras posee un deficiente poder fecundante, circunstancia que hay que tener en cuenta al cultivarlas.

La *Vitis vinifera silvestris* es exclusivamente *dioica*, siendo su fecundación entomógama y ocasionalmente autógama, mientras que las *Vitis vinifera sativa* cultivadas son anemógamas y autógamas.

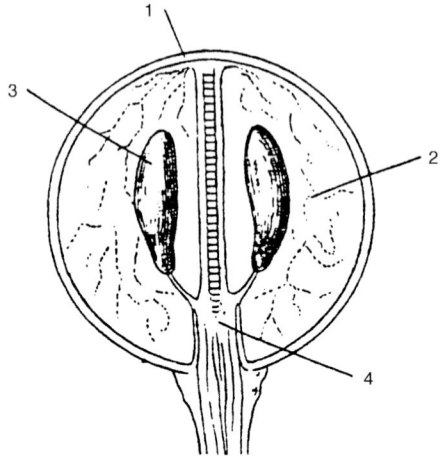

Sección esquemática de un grano de uva (baya): 1. Hollejo o piel; 2. Pulpa; 3. Pepitas; 4. Pincel.

1.8. Bayas y racimos

Cumplida la fecundación, aparece como resultado el granito de uva o *baya,* que engorda rápidamente. Está constituida por una película exterior u *hollejo*; una *pulpa* que rellena casi todo el grano; las *pepitas,* y la prolongación de los haces conductores del corto cabillo o *pedúnculo,* denominada *pincel,* por la que se efectúa el aflujo de savia que alimenta todas las partes. La baya procede del ovario de la flor desarrollado, mientras que las pepitas se originan de los óvulos fecundados por el polen.

Hasta bien avanzada la vegetación, el grano es verde, tiene clorofila; es decir, elabora, al menos, parte de la savia que lo nutre, si bien es importante insistir en que recibe la mayor cantidad de las hojas.

Las dimensiones de los racimos, medidos en el momento de la madurez, varían desde unos 3 a 5 cm en las especies espontáneas, hasta los 50 cm en algunas uvas de mesa, pudiendo establecerse la siguiente clasificación:

1. Racimos muy pequeños: < 6 cm
2. Racimos pequeños: 6,1 a 12 cm
3. Racimos medios: 12,1 a 18 cm
4. Racimos grandes: 18,1 a 24 cm
5. Racimos muy grandes: > 24 cm

El *hollejo* o película exterior corresponde al *epicarpio* del fruto, y es frecuente que sobre el mismo se encuentre una capa cérea dispuesta en escamas microscópicas denominada *pruina*.

La *pulpa* corresponde al *mesocarpio* del fruto, formado por células de gran tamaño, ricas en mosto, que rellenan toda la uva.

Las *pepitas* o *semillas*, presentes solo en las variedades con semillas *(pirenas)*, se sitúan en el *endocarpio* del fruto (indistinguible de la pulpa) y provienen de los óvulos fecundados, por lo que su número máximo es habitualmente cuatro.

El *pincel* es la prolongación de los vasos conductores del cabillo o pedicelo a través de los cuales se nutre la baya. Consta de un ensanchamiento o *rodete* junto a la baya, y los vasos conductores libero-leñosos que se adentran en ella.

Las *bayas* o granos de uva pueden clasificarse por su forma, que depende normalmente de la forma del ovario de la flor:

Aplastadas	Troncovoides
Ligeramente aplastadas	Acuminadas
Esféricas	Cilíndricas
Elípticas cortas	Elípticas largas
Ovoides	Arqueadas

Por su tamaño, en función de su diámetro:

1. Muy pequeñas:	< 8 mm
2. Pequeñas:	8 a 12 mm
3. Medias:	13 a 18 mm
4. Gruesas:	19 a 24 mm
5. Muy gruesas:	> 24 mm

Por su aroma y gusto:

Amoscateladas
Sabores simples
Sabores a terruño ("foxes")

Por su consistencia:

Pulpa dura y hollejo tierno (uvas de mesa)
Pulpa blanda y hollejo duro (uvas de vinificación)

Por su color:

Blancas	Tintas
Rosadas	Tintoreras

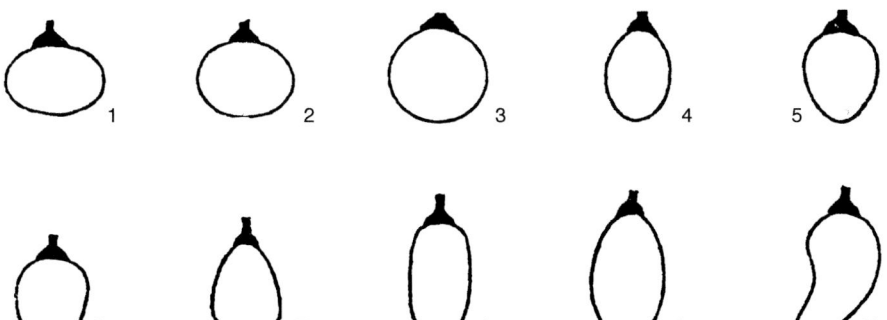

Formas de los granos de uva (O.I.V.): **1.** Aplastada; **2.** Ligeramente aplastada; **3.** Esférica; **4.** Elíptica corta; **5.** Ovoide; **6.** Troncovoide; **7.** Acuminada; **8.** Cilíndrica; **9.** Elíptica larga; **10.** Arqueada.

A veces aparecen sobre un mismo racimo uvas de distintos colores. Este fenómeno puede limitarse a una o varias bayas, como granos blancos dentro de un racimo tinto, o viceversa; o bien manifestarse dentro de una misma baya con partes blancas y negras en forma de punteaduras o de meridianos.

Los aromas de la uva, *aromas primarios*, se localizan en las bayas preferentemente en la hipodermis de los hollejos o pieles, en las células inmediatamente subyacentes, y en muy escasa cuantía en la pulpa, con excepción de algunas varie-

dades *Moscatel* y *Malvasía,* en las cuales su concentración en la pulpa es elevada. Las pepitas también pueden contener algunas sustancias aromáticas.

Igualmente ocurre con la materia colorante de las uvas rosadas y tintas, mientras que en las *tintoreras* se encuentra en toda la pulpa.

Las bayas se agrupan en *infrutescencias,* constituidas por un raquis, *raspón o escobajo* que agrupa las bayas por sus pedicelos, constituyendo el *racimo.*

La forma de los racimos está íntimamente relacionada con la estructura del

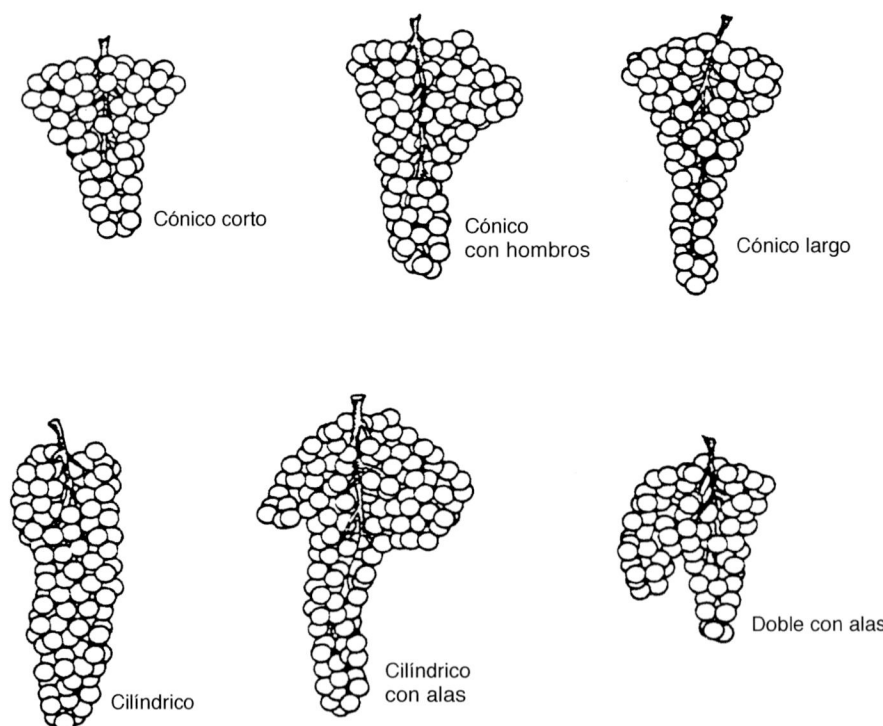

Cónico corto

Cónico con hombros

Cónico largo

Cilíndrico

Cilíndrico con alas

Doble con alas

Forma de los racimos (O.I.V.).

raspón, que depende fundamentalmente de la variedad de uva. Se pueden encontrar los siguientes tipos, que a su vez pueden llevar o no *alas* o *alerones:*

Cónicos cortos	Grandes
Cónicos con hombros	Medios
Cónicos largos	Pequeños
Cilíndricos	
Cilíndricos con alas	
Dobles con alas	

1.9. Pepitas o semillas

Constituyen el elemento encargado de perpetuar al individuo por vía sexual, y provienen de los óvulos de la flor tras la fecundación. Normalmente se pueden encontrar como máximo cuatro pepitas por baya, aunque lo habitual es encontrar tres, dos, una o ninguna en las uvas apirenas. Algunas variedades de uva, como la *Cariñena* o la *Alphonse Lavallée,* pueden contener un número de pepitas superior a cuatro.

La forma externa de las pepitas permite distinguir una *cara dorsal* casi plana con dos *fosetas* separadas por el *rafe,* y una cara ventral abombada con el *surco* y la *chalaza,* terminadas ambas en el *pico.* En las vides europeas, la chalaza se encuentra en el tercio superior en la posición 0,66, mientras que en el resto de las viníferas se encuentra en el centro de la semilla en la posición 0,50.

Anatómicamente se distinguen las siguientes zonas: una envoltura externa o *tegumento externo,* lignificado y rico en tanino, compuesto por una *cutícula,* una *epidermis* y una *capa media;* una envoltura media o *capa interna* del *tegumento externo,* y una envoltura interna o *tegumento interno* de naturaleza celulósica.

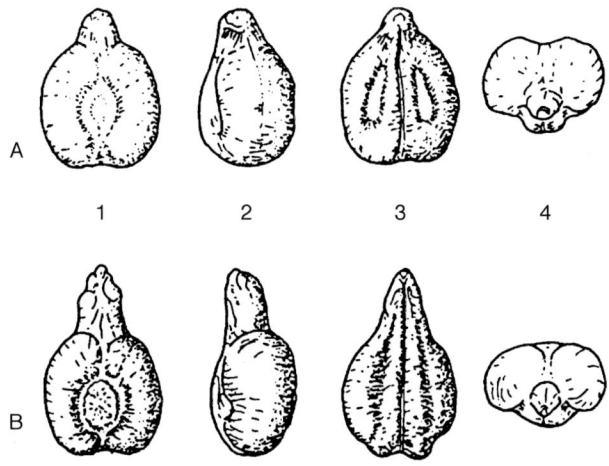

Pepitas de uva: 1. Cara dorsal; 2. Perfil; 3. Cara ventral; 4. Vista polar;
A) Vitis silvestris; B) Vitis vinifera (A. Stummer).

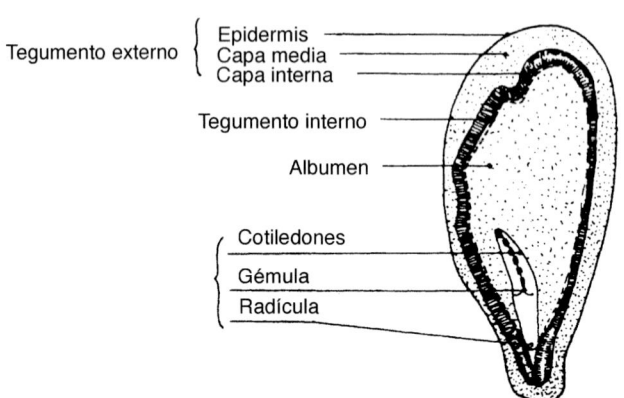

Corte longitudinal de una pepita de uva (Luis Hidalgo).

Este conjunto rodea el *albumen*, dentro del cual se encuentra el *embrión*.

El *albumen* es rico en aceite (13 al 20 %) y otros elementos nutritivos que alimentarán a la pequeña planta en el comienzo de su desarrollo a partir del embrión.

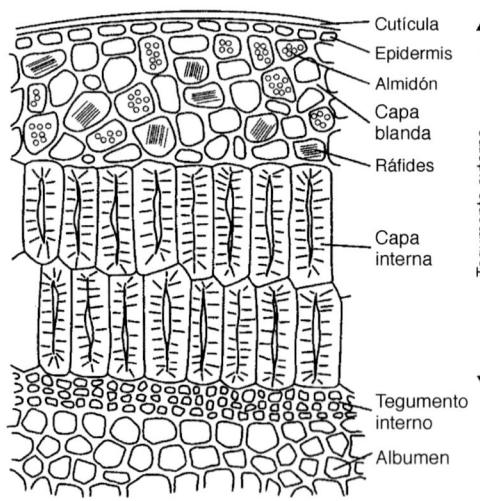

Anatomía de los tegumentos de una pepita de uva (P. Galet).

El *embrión*, situado en la parte central hacia el pico de la pepita, se compone de dos *cotiledones*, la *gémula* y la *radícula*. Estas últimas darán lugar en la germinación al tallo y a la raíz.

Las pepitas o semillas de la *Vitis vinifera silvestris* son globosas y achatadas, mientras que las de *Vitis vinifera sativa* son más alargadas y picudas, motivo por el que se utiliza el índice de Stummer para distinguirlas:

$$\text{Índice de Stummer} = \frac{\text{Anchura}}{\text{Longitud}} \cdot 10$$

Cuando su valor es inferior a 65 o 75, se trata de *Vitis vinifera* y, cuando es superior a 70 o 75, de *Vitis silvestris*. Aun así, en la zona intermedia, comprendida entre 65 y 75, puede haber dudas en su clasificación.

El tamaño de las pepitas se mide por el peso medio de mil semillas, variando desde los 15 gramos para las más pequeñas *(Vitis riparia)* hasta los 55 gramos para las más grandes *(Vitis labrusca)*. Las vides europeas se encuentran entre 25 y 50 gramos. Una tonelada de pepitas ocupa un volumen aproximado de 1,6 m³.

1.10. Raspón o escobajo

El raspón o escobajo es el elemento del racimo de uva que sostiene las bayas y las alimenta mediante los vasos conductores situados en su interior. Representa entre el 3 y el 7 % del peso del racimo. Se inserta en un nudo del sarmiento mediante el *pedúnculo* (zona no ramificada), se-

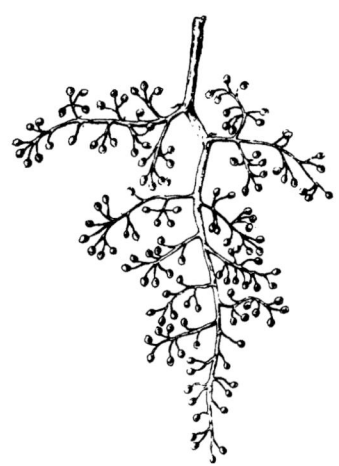

Racimo regular después de la floración (José Hidalgo).

guido por el *raquis* (zona ramificada), de sección decreciente a medida que se divide, hasta terminar en los *pedicelos* que soportan los granos de uva.

La forma del racimo depende de la estructura del escobajo, determinada principalmente por la variedad de la vid y, en menor medida, por factores ambientales o de cultivo. En general, cuando los elementos del raspón son largos, como en las uvas de mesa, los racimos presentan un aspecto suelto y lacio; mientras que, si son cortos, los racimos se vuelven compactos, incluso con granos de uva deformados por contacto entre ellos que adoptan formas poligonales, como ocurre en las variedades de vinificación. Además, dependiendo del tipo de ramificación, los racimos pueden tomar diversas formas: cónicos cortos, cónicos largos, cónicos con hombros, cilíndricos, cilíndricos con alas, dobles con alas, etc. Finalmente, según el tamaño, los racimos pueden ser grandes, medianos o pequeños, existiendo una correlación entre el tamaño del escobajo y el de los granos de uva que soporta.

El escobajo alcanza su tamaño definitivo en el momento del envero, lignificándose a partir de esta etapa. Pierde algo de clorofila y, en algunas variedades tintas, adquiere un color rojizo debido a la acumulación de antocianos hacia el final del período de maduración.

2 Comportamiento fisiológico de las cepas viejas y su influencia sobre la calidad de las uvas

El estudio del comportamiento fisiológico de las cepas viejas requiere que nos planteemos, en primer lugar, la definición de *viña* o *viñedo viejo*. Cuando se realiza un estudio económico de una plantación de viñedo, normalmente su vida útil productiva se estima en treinta o cuarenta años, tiempo en el que se considera que las vides ofrecen todo su potencial productivo para, a partir de esa edad, ir reduciéndose poco a poco. Sin embargo, esto puede resultar muy diferente cuando se trata de alcanzar la máxima calidad de la vendimia, que normalmente continúa incrementándose a partir de estos años, y precisamente este es el valor que se le atribuye a un viñedo viejo.

En cualquier caso, no todos los técnicos comparten la misma idea, pues algunos defienden que la edad de la viña puede ser suplida e incluso mejorada por una adecuada gestión del viñedo, y obtener así de viñedos jóvenes uvas de gran calidad. Esto puede ser cierto, pero solo cuando se comparan viñedos cultivados en distintas condiciones, donde un viñedo joven bien cultivado puede ofrecer una vendimia de mayor calidad que otro más viejo pero mal gestionado.

Esta manera de pensar es más frecuente entre los especialistas de países o zonas vitícolas nuevas o emergentes, donde la tecnología prima sobre la tradición; mientras que la apreciación de la edad del viñedo predomina entre los profesionales de regiones vitícolas de mayor historia o tradición, y donde precisamente abundan los viñedos con estas características.

No existe, por tanto, una verdad absoluta en cuanto a la bondad de la antigüedad de los viñedos, pero lo cierto es que la moderna tecnología vitícola trata precisamente de reproducir las óptimas condiciones de vegetación y maduración de la uva que se dan en los viñedos viejos para intentar obtener en los jóvenes las innegables condiciones de bondad que ofrecen las viñas viejas.

Los términos *viña* o *viñedo viejo* carecen actualmente de regulación en la Unión Europea y en España, aunque en estos momentos la Organización Internacional de la Viña y el Vino (OIV) intenta normalizarlo. No obstante, como se trata de calificativos que transmiten al consumidor una percepción de mayor calidad en los vinos, algunas reglamentaciones particulares establecen una serie de criterios específicos. Por ejemplo, las denominaciones de origen protegidas Ribera del Duero y Rioja establecen los siguientes criterios para estas menciones y otras de mayor edad:

	DO Ribera del Duero	DOC Rioja
viñas viejas o *viñedos viejos*	> 35 años	> 50 años
viñedos centenarios	> 100 años	> 100 años
viñedo prefiloxérico	plantación anterior al año 1900	

También el Ministerio de Agricultura, Pesca y Alimentación reconoce en los parajes vitícolas identificados dentro de la DOC Rioja la categoría de *viñedos singulares*, que, entre otras condiciones, deben tener una edad superior a los 35 años.

Respecto del *viñedo prefiloxérico*, conviene recordar que la fecha de la invasión filoxérica varía según la zona productora. Esta plaga tuvo cinco focos de penetración en España: el primero en Málaga (1876); el segundo en el Ampurdán, Girona (1878), procedente de Per-

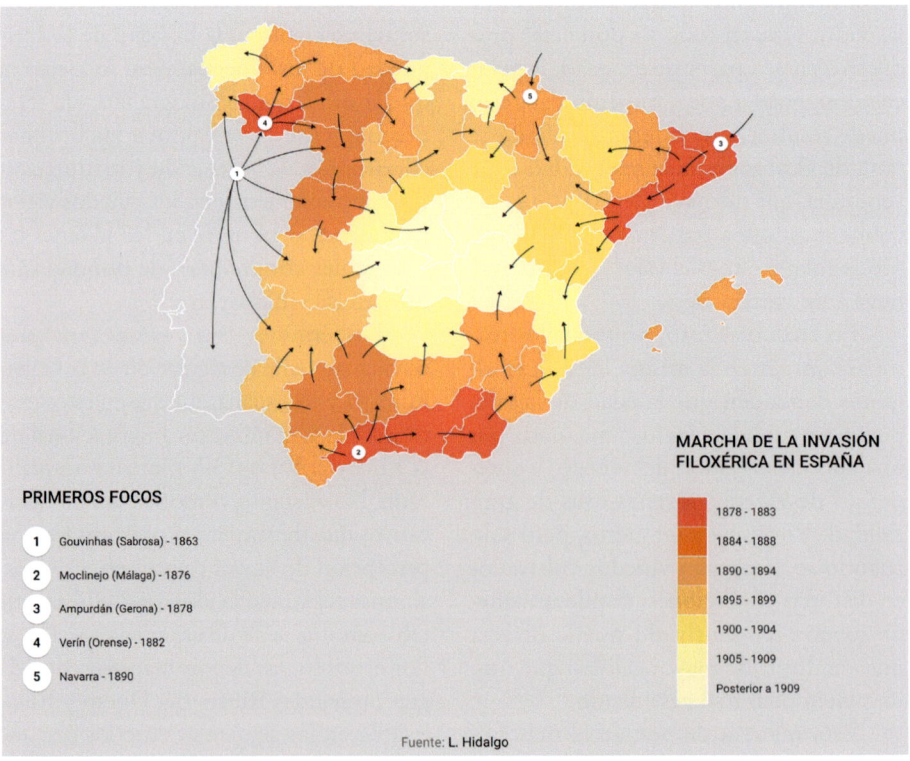

PRIMEROS FOCOS

1 Gouvinhas (Sabrosa) - 1863

2 Moclinejo (Málaga) - 1876

3 Ampurdán (Gerona) - 1878

4 Verín (Orense) - 1882

5 Navarra - 1890

MARCHA DE LA INVASIÓN FILOXÉRICA EN ESPAÑA

| 1878 - 1883 |
| 1884 - 1888 |
| 1890 - 1894 |
| 1895 - 1899 |
| 1900 - 1904 |
| 1905 - 1909 |
| Posterior a 1909 |

Fuente: **L. Hidalgo**

Marcha de la invasión filoxérica en España (Luis Hidalgo y José Hidalgo).

piñán (Francia); el tercero y el cuarto en Verín, Ourense (1882), y en Fermoselle, Zamora (1884), ambos procedentes del foco portugés de Gouvinhas, Sabrosa (1863), y el quinto en Navarra (1890), procedente de la Francia atlántica. Desde estos cinco focos, la filoxera avanzó hacia el centro peninsular hasta alcanzar La Mancha entre 1910 y 1920, momento en el que se dio por concluida la invasión filoxérica en la península ibérica tras un período de unos cuarenta años.

En el caso de la DO Ribera del Duero, la filoxera apareció entre 1897 (Valladolid) y 1909 (Aranda de Duero), mientras que, en la DOC Rioja, esta plaga apareció en el año 1900 (Haro). Estas fechas justifican perfectamente que ambas zonas establezcan el año 1900 como límite para calificar las viñas como prefiloxéricas.

2.1. El ciclo vegetativo interanual

Desde la plantación de la vid se distinguen claramente cuatro períodos en el *ciclo vegetativo interanual*. El primero corresponde al de *crecimiento y formación*, en el que la planta se desarrolla para adquirir su forma de conducción adulta, sin tener prácticamente producción, que comienza a los dos o tres años. El segundo período corresponde al *desarrollo de la planta*, cuando esta alcanza su forma adulta, con producciones crecientes en cantidad y calidad, con duración de siete a diez años, en función de las condiciones del medio. A continuación se establece el *período plenamente productivo*, en el que se estabiliza la producción de acuerdo con el potencial vegetativo, las posibilidades intrínsecas de las plantas y los medios de producción aplicados, con una duración de hasta cuarenta, o más años, desde la plantación. Finalmente se sitúa el *período de envejecimiento y decrepitud*, en el que disminuyen sensiblemente las producciones, aunque la calidad continúa aumentando sin cesar.

Es difícil establecer el comienzo del envejecimiento de un viñedo, ya que realmente corresponde a un amplio período de transición, antes de entrar en la decrepitud propiamente dicha. Teóricamente comienza cuando las curvas representativas de la producción y de la calidad se cruzan, momento en el que debe considerarse una inmediata tendencia del viñedo al envejecimiento. Si la vendimia de un viñedo viejo se pudiera valorar de manera justa y objetiva, este punto correspondería al máximo rendimiento económico por hectárea obtenido a lo largo de su vida.

En el curso de la vida de un viñedo, las cepas envejecen paulatinamente como consecuencia de su desarrollo vegetativo. Este envejecimiento se manifiesta en múltiples signos: gran tamaño de los troncos; acusadas diferencias entre los diámetros de injerto y portainjerto en casos de deficiente afinidad; brazos excesivamente largos en las podas en vaso; puestos de pulgares muy alargados en las podas en cordón; deterioro de la corona aérea con pérdida de brazos y pulgares; numerosas heridas de poda con eventual aparición de cárcavas en troncos y brazos; frecuentes mani-

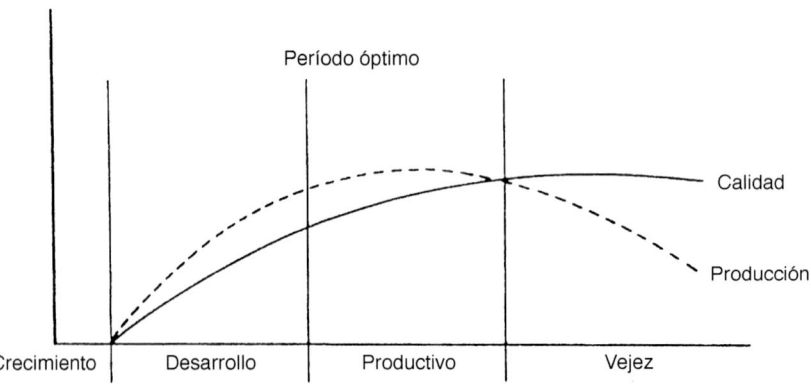

Ciclo vegetativo interanual de la vid (Luis Hidalgo y José Hidalgo).

festaciones de enfermedades de la madera, y la muerte de cepas en el viñedo (fallos o marras). Todo ello va acompañado de un desarrollo radicular cada vez más deficitario y, lo que es todavía más importante, una producción de uva cada vez más restrictiva y decreciente, consecuencia de un debilitamiento manifiesto, aunque en paralelo aumente la calidad de las cosechas.

Las *heridas de poda*, así como las producidas accidentalmente (sobre todo las de gran superficie), juegan un papel muy importante por su número, extensión y penetración en los troncos y brazos de las cepas. Las antiguas perduran en gran proporción y las nuevas se multiplican cada año, dificultando considerablemente la circulación de la savia al disminuir la superficie conductora.

Las *heridas de la corona aérea* quedan abiertas con los vasos bien visibles, ya que las gomas, bacterias y hongos saprófitos que las obturan cuando están frescas, al secarse, desaparecen. En la fase inicial de desecación, los granos de almidón y eventualmente los cloroplastos desaparecen en la vecindad de los cortes, y en una segunda fase, los tejidos oscurecidos se desecan profundamente y forman *conos* de madera muerta hacia el interior del leño (tronco, brazos o cordones).

El *alargamiento progresivo de los brazos* es también un factor de envejecimiento para la planta, al incrementarse con los años la distancia conductora desde las raíces hasta los órganos verdes donde se realiza la fotosíntesis, al mismo tiempo que disminuye la conductividad por el menor crecimiento anual del espesor del anillo vascular.

El *número* y la *disposición de los pámpanos con fruto* influyen directamente en el envejecimiento, como consecuencia de la longitud y disposición de los órganos de producción dejados en la poda —pulgares y varas más o menos largas—, que provocan un alargamiento desigual de los brazos.

La *carga dejada en la poda* (número de yemas de producción), por el papel que representa en la distribución del vigor de la cepa, tiene también una influencia notable, pues su incremento reduce el grosor del anillo vascular anual. El envejecimiento es naturalmente menos acusado en viñedos vigorosos o con podas cortas.

Durante los primeros años, con la planta joven, el sistema radicular todavía no ocupa en extensión y profundidad el espacio disponible para su desarrollo, pero paulatinamente tiende hacia dicha meta, tanto más rápidamente cuanto más restringido sea este espacio, bien por densidades de plantación elevadas, bien por suelos poco profundos. Alcanza el estado adulto a los siete o diez años, cuando la raíz y la parte aérea todavía no han sufrido mutilaciones importantes e irreparables, pudiendo mantenerse así durante varios años. Más tarde, el debilitamiento sobreviene lentamente hasta llegar al período de senectud.

Las heridas producidas en las raíces como consecuencia de los instrumentos de labor, o por la acción de insectos u hongos lignívoros, se secan mucho más lentamente y menos profundamente que las de la corona aérea. Sin embargo, el sistema radicular, en el transcurso de los años hacia la senectud, es cada vez menos efectivo no solo por la disminución del volumen colonizador a causa de mutilaciones, asfixias o plagas, sino también porque las raíces que perduran íntegras son cada vez más largas, incrementándose desfavorablemente la proporción de raíces conductoras respecto a las raíces absorbentes, que se encuentran cada vez

más alejadas de la planta. El sistema radicular en su conjunto se debilita y progresivamente resulta menos eficaz la absorción, en particular la de nitrógeno y agua.

2.2. El equilibrio vegetativo del viñedo

Los factores expuestos anteriormente conducen al envejecimiento de la cepa, en su sistema radicular y en la corona aérea. Estos factores provocan *pérdidas (P)* del *potencial vegetativo (Pv)* y reducen su aprovechamiento en la producción del *fruto (a)*, *madera (b)* y *calidad (c)*. Estos tres componentes constituyen la denominada *expresión vegetativa (Ev)* de la planta, según el modelo propuesto por J. Branas, G. Bernon y L. Levadoux de la Escuela de Montpellier (R, S y D son coeficientes que dependen de cada variedad de uva). La producción de madera engloba el crecimiento de todos los órganos de la planta, excepto el fruto (raíces, tronco, brazos, pámpanos y sarmientos).

$$Ev = a \cdot R + b \cdot S + c \cdot D = Pv - P$$

Como hemos indicado, esta *ecuación de equilibrio vegetativo* varía en función de cada variedad de uva, pero es válida para toda situación, al ser los coeficientes varietales (R, S y D) constantes e independientes del medio, del año y de las prácticas culturales, incluidas la poda y el marco de plantación (Luis Hidalgo). Como ejemplo, este mismo autor llegó a

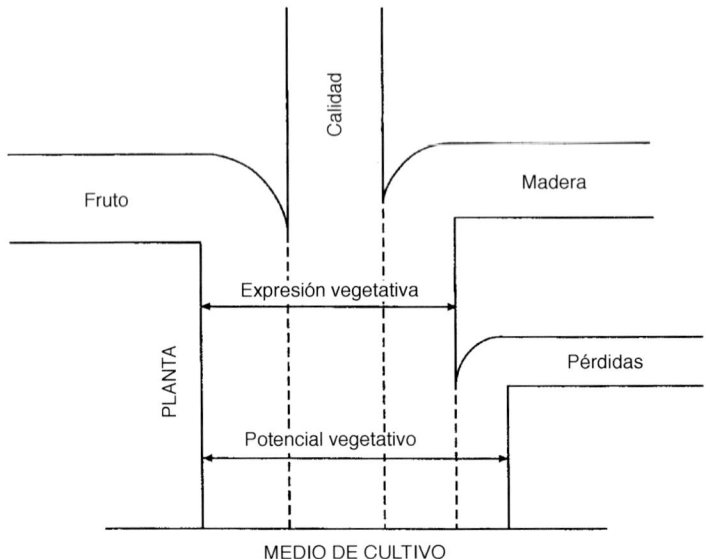

Esquema de distribución del potencial vegetativo (Luis Hidalgo y José Hidalgo).

determinar para la variedad *Tempranillo* la siguiente expresión:

$$Ev = 2{,}66 \cdot a + 15{,}83 \cdot b + 4{,}24 \cdot c$$

El incremento progresivo de las pérdidas *(P)* del potencial vegetativo *(Pv)* aleja cada vez más la expresión vegetativa *(Ev)* del valor máximo teórico de las posibilidades *(K)* que puede conferir a la planta el medio de cultivo, valor que por otra parte nunca llega a alcanzarse, incluso en la época de mayores rendimientos.

La disminución progresiva de la expresión vegetativa *(Ev)* durante el envejecimiento y el incremento efectivo de la calidad *(c)* ocasionan conjuntamente una disminución progresiva en la producción de fruto *(a)* y de madera *(b)*, en correlación con la menor absorción de nitrógeno y agua, principales responsables del desarrollo vegetativo.

La *velocidad de envejecimiento* de las viñas de gran vigor es más rápida que en las más débiles, pero, en estas últimas, el máximo de expresión vegetativa *(Ev)* se alcanza más pronto, ya sea por la baja fertilidad del terreno o por la elevada densidad de plantación.

El envejecimiento de un viñedo es, pues, sensiblemente diferente en función del vigor de la cepa, pero las más potentes conservan durante más tiempo una expresión vegetativa con capacidad de producción suficiente. Por ello, los viñedos establecidos sobre suelos fértiles, con pequeñas densidades de plantación o con portainjertos vigorosos pueden mantenerse rentables durante más tiempo, pero en detrimento de la calidad de su producción.

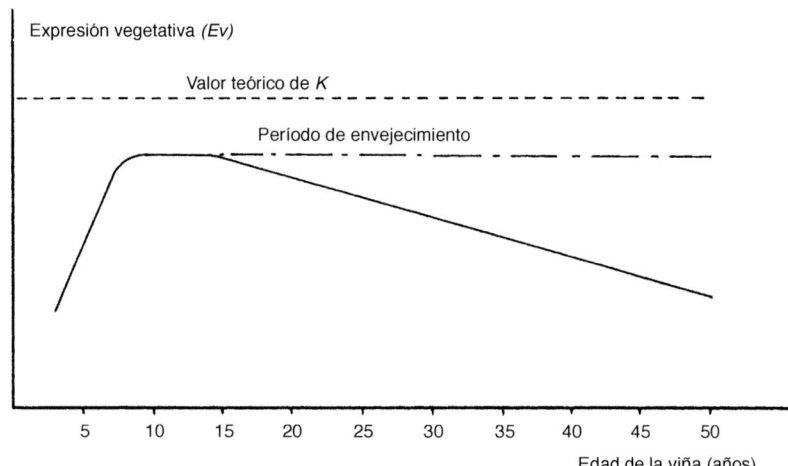

Variación de la expresión vegetativa *(Ev)* según la edad del viñedo, que nunca alcanza el valor máximo teórico de sus posibilidades *(K)* y disminuye progresivamente durante el período de envejecimiento de la vid (Luis Hidalgo).

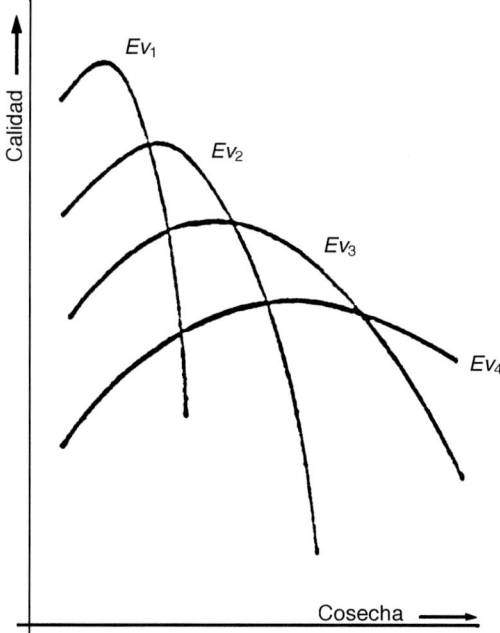

La calidad varía con la cosecha. Para cada expresión vegetativa *(Ev)*, la calidad aumenta con la cosecha hasta un máximo, a partir del cual decrece. Al aumentar la expresión vegetativa $(Ev_1 < Ev_2 < Ev_3 < Ev_4)$, el máximo corresponde a una cosecha mayor, pero de calidad progresivamente inferior (Luis Hidalgo).

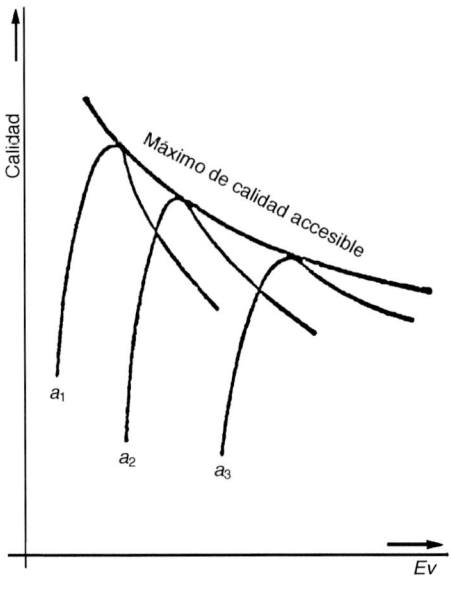

La calidad varía con la expresión vegetativa. Para cada cosecha *(a)*, la calidad aumenta con la expresión vegetativa *(Ev)* hasta un punto en que el aumento del potencial o expresión vegetativa la perjudica. A medida que aumenta la cosecha ($a_1 < a_2 < a_3$), el máximo de calidad alcanzable disminuye (Luis Hidalgo).

2.3. El medio de cultivo

Elementos de la producción				Medio físico	Ecosistema medio-planta
Permanentes	Impuestos	Clima Suelo *Medio biológico*			
Permanentes	Elegidos	Variedad Portainjerto Densidad y disposición de plantación	*Planta*		
Culturales	Sistemas de conducción Podas Laboreo Fertilización Riego Podas en verde Tratamientos fitosanitarios Vendimia				

Los *factores permanentes* son los que mayor influencia tienen en la obtención de vendimias de calidad en los viñedos viejos, mientras que el resto de factores de producción tiene una relevancia menor, aunque deben manifestarse de forma que no condicionen o limiten el cultivo del viñedo. Entre los factores permanentes destacan: suelo y medio biológico, densidad y disposición de plantación, y sistema de conducción. Este último, aunque se considera un elemento cultural, es permanente si no varía durante toda la vida de la plantación.

2.3.1. El suelo

El suelo es el factor de producción más importante en un viñedo, pues no solo constituye su soporte vital, sino también el elemento de suministro de agua y nutrientes para las vides. El binomio suelo-planta debe estar en armonía, conviviendo ambos durante toda la vida del viñedo y, en consecuencia, condicionando de manera decisiva la producción y la calidad de sus frutos.

El concepto de fertilidad a menudo se asocia con los nutrientes o elementos minerales que el suelo contiene, aspecto que se define como *fertilidad química*. Esta no influye apenas en el elemento diferenciador de calidad que genera un viñedo viejo, siempre que las vides no sufran carencias ni excesos de nutrientes.

Sin embargo, la *fertilidad física* es el elemento del suelo de mayor importancia para el buen desarrollo de un viñedo viejo y, por tanto, para la calidad de sus frutos. Este concepto abarca aspectos como la profundidad del suelo, el nivel freático, las barreras físicas o químicas, la textura, la estructura y el color.

Para un viñedo viejo resulta importante que su sistema radicular se expanda en el mayor volumen de suelo posible, con objeto de asegurar su pervivencia en el tiempo. En sentido horizontal, la extensión radicular se ve limitada por el marco de plantación, como veremos más adelante, por lo que resulta de capital importancia la profundidad del suelo para que las raíces puedan penetrar a la mayor profundidad posible.

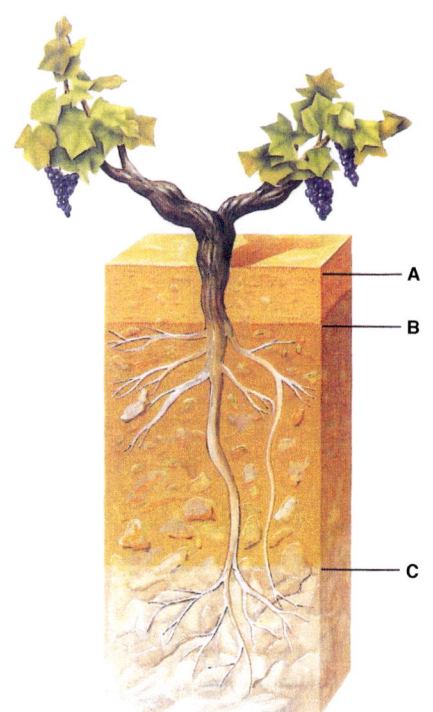

A, B, C: Horizontes de un suelo agrícola-vitícola (Jaume Bech).

La *profundidad* de los suelos es muy variable, pues depende de su desarrollo a partir de la roca madre más o menos meteorizada situada en el subsuelo, o bien de aluviones generados por antiguos cursos de agua. No obstante, incluso en suelos con buena profundidad, la penetración de las raíces puede verse limitada por la existencia de barreras físicas, químicas e hídricas que impidan su expansión.

Las raíces también respiran, por lo que un elemento limitante adicional puede ser la penetración de aire en el suelo, aspecto relacionado con la estructura y textura del suelo. Se estima que un nivel del 2 % de oxígeno en la atmósfera del suelo es el límite para la penetración de las raíces.

Si no existen obstáculos en el terreno, las raíces tienden a profundizar (geotropismo), pero también se desplazan, cuando no hay barreras, hacia aquellas zonas del suelo más ricas en humedad (hidrotropismo) o nutrientes (quimiotropismo), siempre que exista un equilibrio entre el agua y el oxígeno del suelo.

No todas las plantas tienen la misma tendencia a profundizar en el terreno. Se denomina *ángulo geotrópico* el que forman las raíces con la vertical, y este varía según el portainjerto (si existiera). Así, las *Vitis riparia* presentan un ángulo geo-

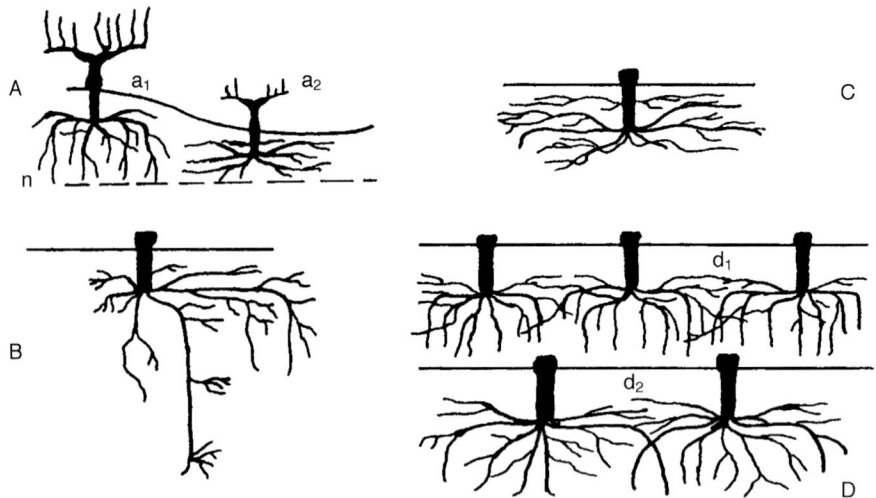

Influencia de diferentes factores sobre la distribución del sistema radicular (A. Reynier):

A) Influencia de la topografía y de la capa freática (n): enraizamiento profundo (a_1); enraizamiento superficial (a_2).
B) Influencia de la heterogeneidad de los distintos horizontes.
C) Enraizamiento superficial.
D) influencia de la densidad de plantación: vides juntas (d_1) y vides espaciadas (d_2).

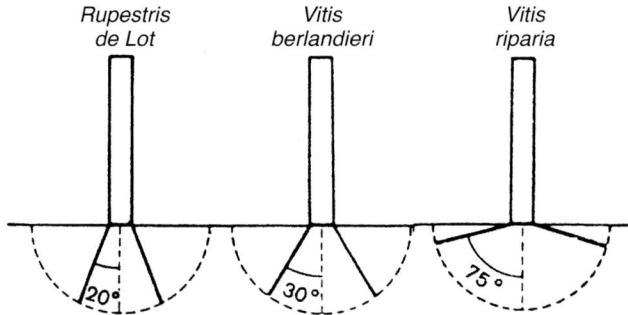

Ángulo geotrópico de las raíces de portainjertos de vid (Luis Hidalgo y José Hidalgo).

trópico muy amplio (70º-80º), por lo que sus raíces se extienden más superficialmente; la *Vitis vinifera* y la *Vitis rupestris* presentan ángulos mucho más reducidos (de apenas 20º o menos), lo que permite una mayor penetración vertical; mientras que el *Ruspestris de Lot* y la *Vitis berlandieri* muestran valores intermedios (25º-30º).

La *textura* o *composición granulométrica* del suelo tiene una importancia fundamental en el cultivo de la vid, especialmente para la disponibilidad de agua en el sistema radicular. Según el caso, permite la retención o el drenaje o evacuación del agua, condicionando de este modo las posibilidades del cultivo. La granulometría también determina la nutrición de las vides no solo por la presencia o ausencia de agua, sino también por la capacidad del suelo para retener los nutrientes. Además, la textura condiciona el régimen de aireación del sistema radicular, evitando su asfixia, propiedad relacionada también con la estructura del terreno.

Los *suelos sueltos* o *arenosos* contienen menos del 20 % de limo y arcilla, con lo que ofrecen un débil poder de retención de la humedad y de los nutrientes. Resultan fáciles de trabajar y permiten una rápida penetración de las raíces. En general, se consideran suelos *calientes*, que adelantan la maduración y producen cosechas de calidad más regular. Sin embargo, en los años de escasas lluvias sufren déficit hídrico, lo que compromete la maduración; salvo en los suelos muy profundos, donde las reservas de agua en profundidad permiten obtener cosechas de gran calidad.

Además, los terrenos arenosos con contenidos superiores al 60-70 % y con menos del 5-10 % de limo y arcilla presentan una gran resistencia a la filoxera, lo que permite cultivar la *Vitis vinifera* franca de pie sin portainjertos resistentes. Esto casi siempre mejora la calidad de la vendimia, al eliminarse los posibles problemas de afinidad portainjerto-vinífera.

Los *suelos pedregosos*, con abundante presencia de elementos de gran tamaño,

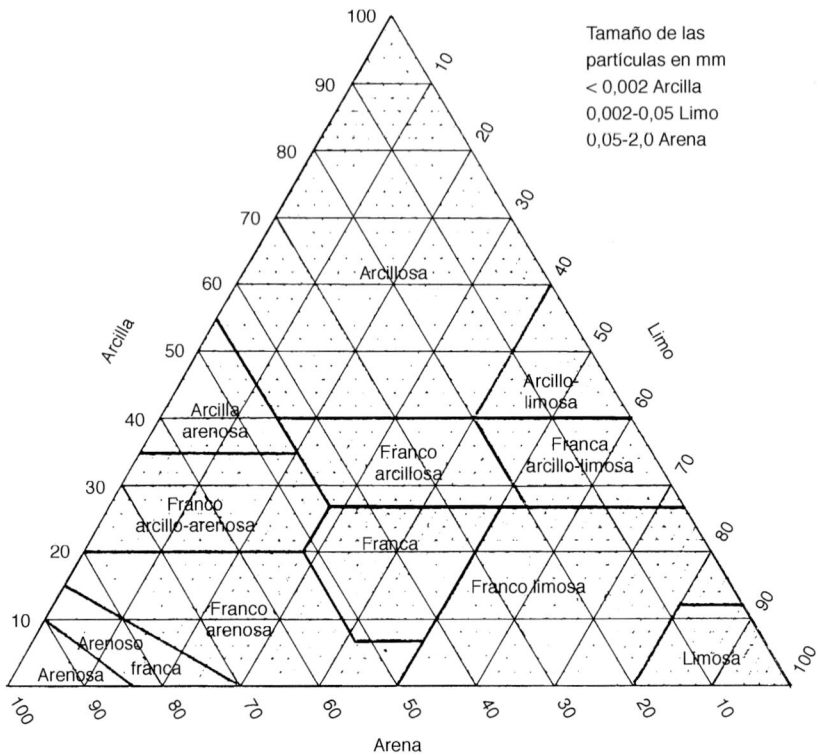

Diagrama triangular para la determinación de la textura de los suelos. Clasificación USDA.

basan su fertilidad exclusivamente en los elementos finos que contienen. No obstante, los cantos gruesos les aportan frescura al reducir la evapotranspiración, y los situados en la superficie irradian durante el día luz y calor hacia las partes bajas de los racimos y la vegetación adyacente, lo que mejora las condiciones de maduración y eleva la calidad de la vendimia.

Los *suelos pesados* o *arcillosos* presentan un contenido en arcilla superior al 30 o 40 %. Son fuertes, adhesivos y plásticos, se apelmazan fácilmente y forman terrones duros. Aunque tienen una gran capacidad de retención del agua y de elementos fertilizantes, se encharcan fácilmente y dificultan tanto la penetración por parte de las raíces como las labores de cultivo. En general son *suelos fríos*, menos adecuados para el cultivo de la vid, pues retrasan la maduración de la uva. No obstante, cuando no existe una acumulación excesiva de agua, producen vinos de mayor extracto, cuerpo y polifenoles, cualidades que mejoran aún más con la presencia de piedras o cascajos.

Perfil de suelo aluvial sobre un banco de arenisca en Rioja Alta (José Hidalgo).

Resulta difícil determinar qué tipo de textura resulta más favorable para obtener vendimias de calidad en un viñedo viejo, pues existen muchos viñedos con diferentes situaciones estructurales que producen excelentes resultados. No obstante, la situación óptima sería disponer de un suelo de textura suelta, pedregosa, con una buena profundidad y con capacidad de acumular agua en las capas inferiores.

Un tercer aspecto de la fertilidad del suelo es la *fertilidad biológica*, también denominada *vida del suelo*, basada en el contenido de materia orgánica. Esta comprende los elementos orgánicos contenidos en el suelo, constituidos por los restos de vegetales y animales que han vivido sobre el mismo, a los que se añade la fertilización orgánica aportada durante el cultivo del viñedo o en el abonado de fondo previo a la plantación.

La *materia orgánica* aporta al suelo sus elementos constituyentes, que incre-

mentan los minerales mayoritarios y minoritarios, mediante un proceso activo de descomposición o mineralización. Durante este proceso se pierde la forma, la estructura y la constitución de los seres vivos de los que procede, y se transforma en una masa amorfa de naturaleza coloidal denominada *humus*.

En primer lugar, tal transformación se debe a la *fauna del suelo* (gusanos, insectos, etc.) que, al alimentarse de la materia orgánica, la fragmentan y la expulsan en parte junto con sus excrementos, ya modificada su constitución y mucho más degradable. El resto se incorpora a sus cuerpos, que finalmente también se convierten en materia orgánica del suelo.

Los *hongos filamentosos* del suelo también realizan una actividad beneficiosa, con 50 a 1000 metros de hifas por gramo de tierra. Pueden vivir como saprofitos de la materia orgánica o formar micorrizas en simbiosis con las raíces de las plantas. Aunque existen muchos tipos de micorrizas, en el viñedo predominan las *endomicorrizas* o *micorrizas arbusculares*, que penetran en las raíces y forman arbúsculos como superficies de intercambio entre la pared y la membrana plásmica de las células huésped. Estas endomicorrizas intervienen de manera positiva en los procesos fisiológicos de las plantas, pues son capaces de explorar un volumen de suelo muy superior al del sistema radicular, sobre todo en sentido horizontal y en profundidad, además de aumentar los efectos de la densidad radicular.

Un buen indicador de la actividad biológica de un suelo es la *relación C/N*.

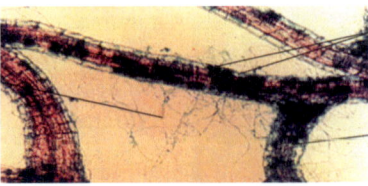

Células micorrizadas

Hifas de la micorriza

Raíces de la viña

Simbiosis entre raíces y micorrizas (INRA-K. Riman).

Valores bajos (<10) suministran a los cultivos una cantidad importante de nitrógeno debido a la intensa mineralización producida por las bacterias, mientras que, con valores más elevados (>10), debido a la presencia de abundantes restos vegetales ricos en lignina, el aporte de nitrógeno es más reducido, pero más equilibrado. En este caso, son los hongos quienes transforman estos restos en humus rico en energía, desarrollando además una mayor *vida* en el suelo.

Los viñedos viejos bien equilibrados que producen vendimias de calidad siempre presentan suelos con una buena fertilidad biológica y, en consecuencia, con abundante vida.

2.3.2. Densidad de plantación

El número de vides por unidad de superficie (cepas/hectárea) condiciona de forma importante su desarrollo a lo largo de los años y, por tanto, la calidad de sus vendimias.

El principal factor limitante de la densidad de plantación es la *disponibilidad de agua del viñedo*. Dejando a un lado la cornisa cantábrica y la fachada atlántica gallega, nuestro país tiene una pluviome-

tría más bien moderada, inferior a 400-500 mm anuales. Existe una estrecha correlación entre la densidad de plantación en viñedos de secano y la pluviometría, establecida por Luis Hidalgo mediante la siguiente expresión (válida, lógicamente, solo para viñedos sin riego).

$$\text{Densidad de plantación (cepas/ha)} = 2{,}784 \cdot P \text{ (mm)} + 828$$

Del mismo modo, este autor estableció una correlación entre la densidad de plantación en viñedos de secano y la *evapotranspiración actual* según Thornthwaite *(ETA-Th)*, parámetro ligado a la temperatura del medio de cultivo y, por tanto, a la aridez.

$$\text{Densidad de plantación (cepas/ha)} = 4{,}972 \cdot (ETA\text{-}Th) - 19$$

La autorización del riego del viñedo en España data de los años ochenta del siglo pasado, pues, antes de esta fecha, esta práctica estaba expresamente prohibida. Por tanto, si consideramos que un viñedo viejo debe tener más de 35 o 40 años, la práctica totalidad de los viñedos viejos existentes en la actualidad se plantaron en condiciones de secano y, en con-

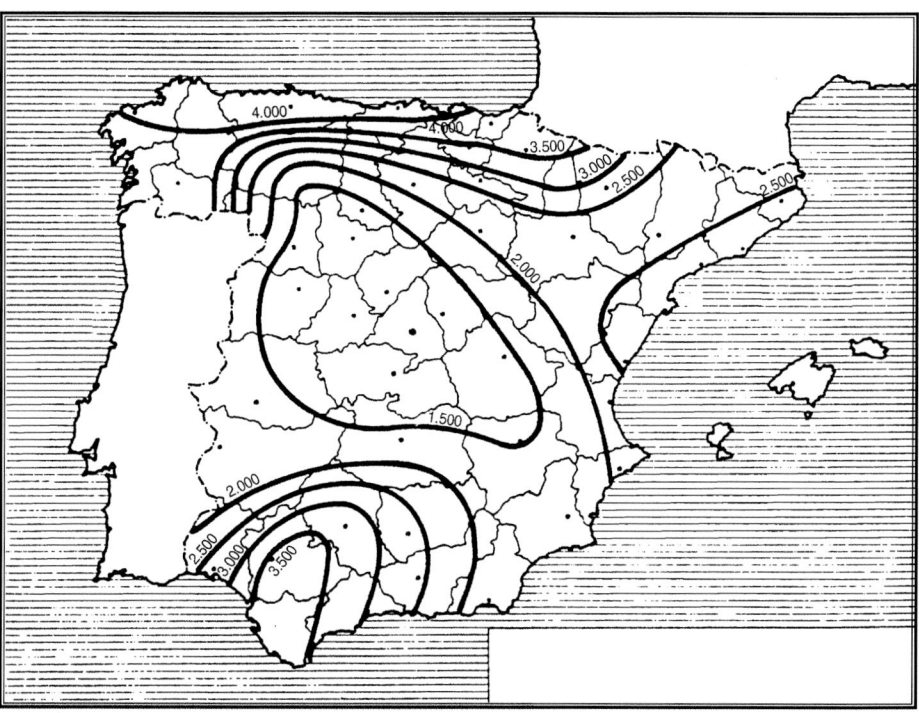

Densidades medias de plantación del viñedo de secano (Luis Hidalgo).

secuencia, con densidades de plantación acordes a la pluviometría de cada región.

Las densidades de plantación bajas favorecen la calidad de la uva producida en los viñedos viejos, pues el volumen de suelo ocupado por las raíces es mucho mayor. Además, influye especialmente el efecto que la longitud de las raíces ejerce sobre la calidad, un importante aspecto de la fisiología del viñedo viejo que analizaremos más adelante.

Además, cuando la densidad de plantación es baja, el desarrollo superficial de las raíces es menor (25-50 cm de profundidad), lo que favorece su desarrollo en profundidad (> 50 cm de profundidad). Esto permite a las raíces ocupar un mayor volumen de suelo y alcanzar una mayor longitud.

Por último, también existe una correlación entre la densidad de plantación y el peso de madera de las vides (tronco y brazos), así como con la masa de las raíces, según ha investigado Luis Hidalgo. Ambos factores contribuyen a obtener una mejor calidad de uva en los viñedos viejos, como se explicará más adelante.

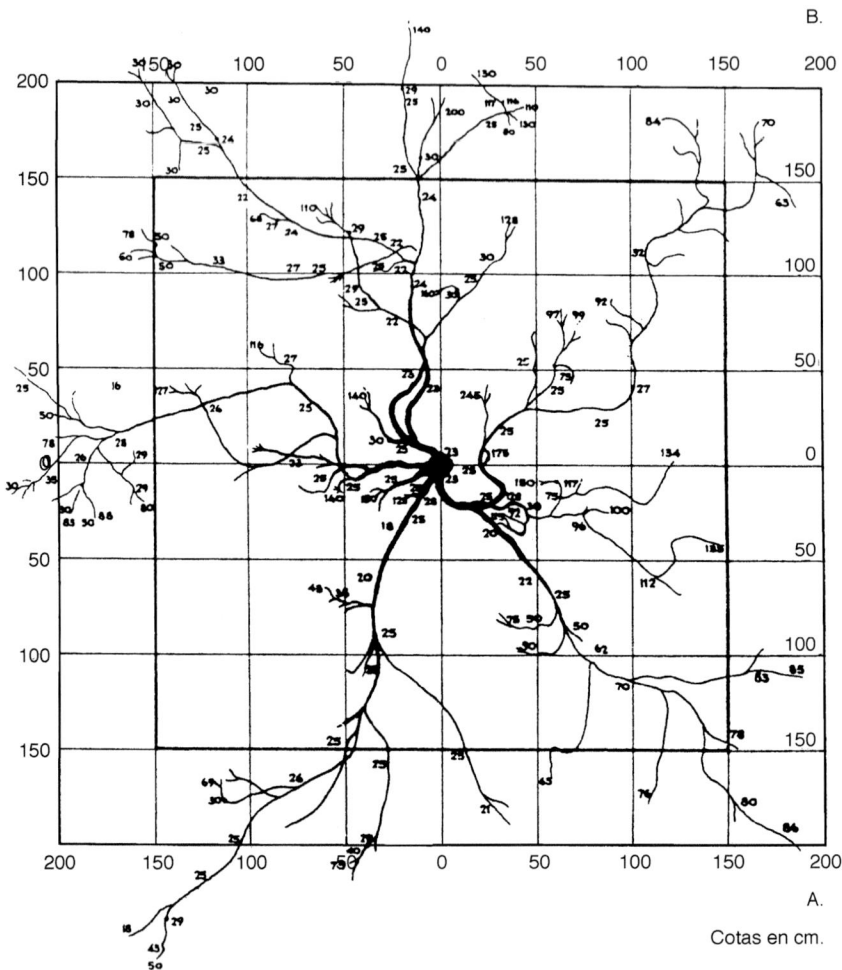

Distribución radicular con baja densidad de plantación (Luis Hidalgo):

Marco de plantación: 3,00 x 3,00 m.
Densidad de plantación: 1111 cepas por hectárea.
Los números en las raíces corresponden a su profundidad (cm).

Las frecuentes *marras* o *faltas de cepas* en un viñedo viejo reducen la densidad de la plantación y, en consecuencia, permiten que las cepas colindantes exploren un importante volumen de suelo adicional, lo que explica la dificultad de su reposición con plantas nuevas. La práctica tradicional de cubrir los huecos

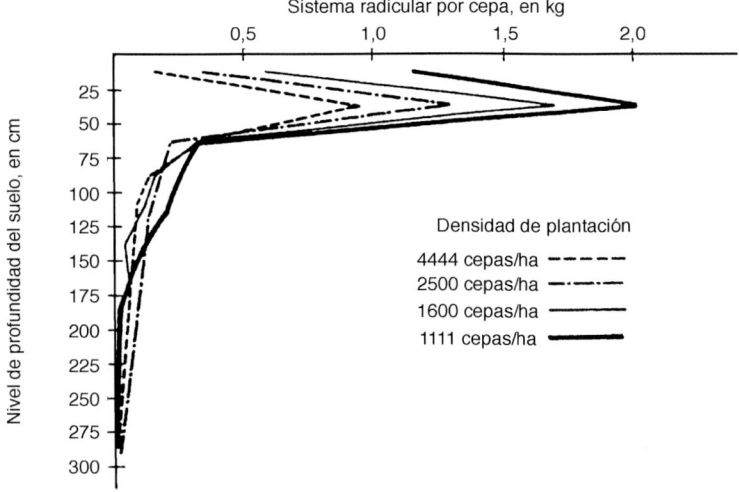

Distribución del sistema radicular por niveles elementales (Luis Hidalgo).

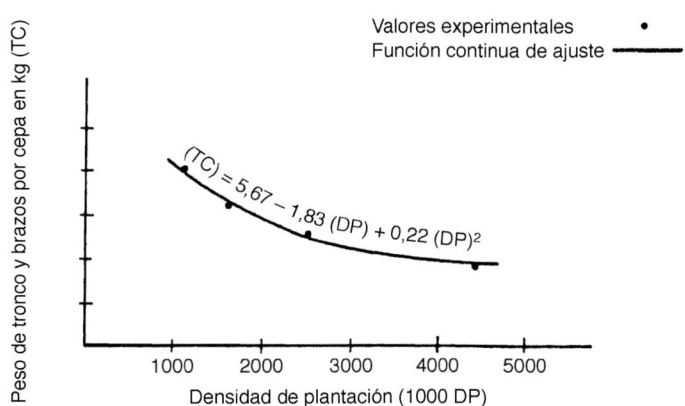

Relación entre tronco y brazos, y la densidad de plantación (Luis Hidalgo).

Viña con mugrón (José Hidalgo)

con la técnica del *acodado* o *amugronado* supone una mayor extensión radicular de la planta madre de donde surge el acodo o mugrón.

2.3.3. Disposición y marco de plantación

Con independencia de la densidad de plantación (cepas/hectárea) de los viñedos, la disposición de las vides sobre el terreno y su marco de plantación también influyen en la calidad de la uva producida en los viñedos viejos, tal y como fue estudiado por Luis Hidalgo hace años.

Las mejores situaciones se producen cuando el marco de plantación es más regular, es decir, cuando el valor de la *relación de marco (RM)* se aproxime a la unidad.

Relación de marco *(RM)* = *a* / *b*

a: distancia entre líneas (metros)
b: intervalo entre cepas (metros)

Estas disposiciones óptimas son el marco real (*RM* = 1) y, sobre todo, el tresbolillo (*RM* = 0,87), que precisamente han sido las empleadas históricamente en las plantaciones de viñedo de

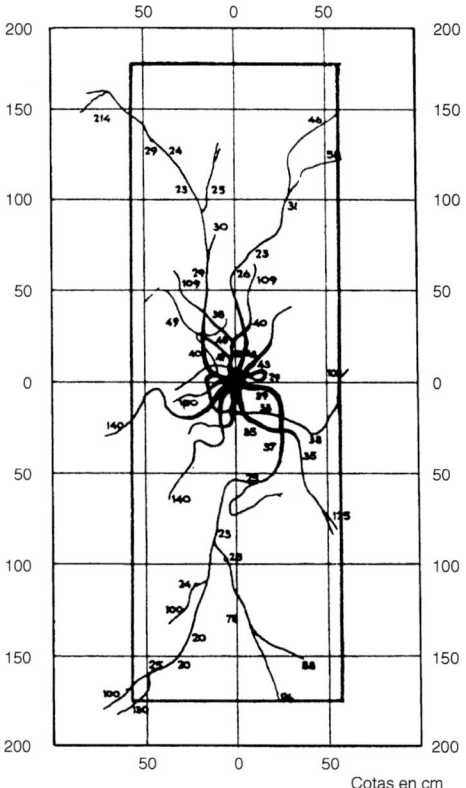

Distribución radicular irregular con elevada relación de marco (Luis Hidalgo):

Marco de plantación: 3,50 x 1,14 m.
Densidad de plantación: 2500 cepas por hectárea.
Los números en las raíces corresponden a su profundidad (cm).

dos para optimizar la bondad de un viñedo viejo, pues producen una distribución irregular del sistema radicular. Sin embargo, al coincidir con densidades de plantación bajas, favorecen el desarrollo radicular en profundidad y el aumento del peso de la madera y las raíces.

Como reflexión sobre estos importantes factores sobre el viñedo viejo, resulta cuestionable que los viñedos actualmente plantados en calles anchas y distancias cortas entre cepas, así como con densidades de plantación elevadas, puedan alcanzar el mismo nivel de calidad en sus producciones cuando envejezcan, comparados con los viñedos plantados hace muchos años. De hecho, la distribución de los sistemas de plantación en España en los años ochenta era muy diferente a la actual: dominaba el marco real con una cuadrícula de plantación de 2,8 a 3,0 metros de lado.

Marco real:	74,56 %
Calles (marco rectangular):	11,86 %
Tresbolillo:	11,42 %
Irregulares:	2,16 %

2.3.4. Riego y cubierta vegetal

El cultivo en *secano* era la norma habitual en los *viñedos históricos*. En consecuencia, en zonas de baja pluviometría, la cubierta vegetal era inexistente, buscándose un mejor aprovechamiento de la escasa agua de lluvia. De este modo se evitaba la competencia con la vegetación adventicia y se favorecía su acumulación en el subsuelo para disponer de hume-

secano en nuestro país y que corresponden a nuestros viñedos más viejos.

Los marcos de plantación estrechos en calles, con una relación de marco elevada (*RM* > 2), habituales en las nuevas plantaciones, donde prima la mecanización del viñedo, no son los más adecua-

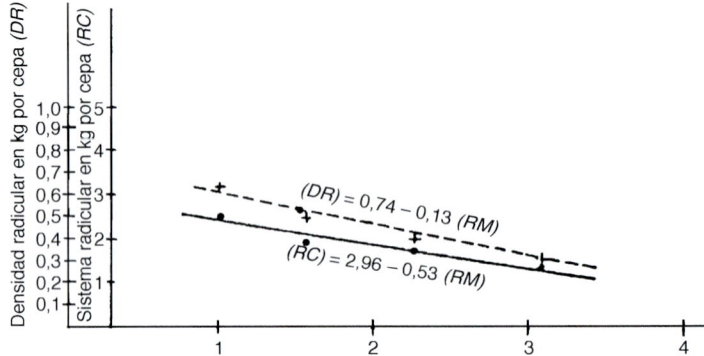

Variación del sistema radicular según la relación de marco (RM) (Luis Hidalgo).

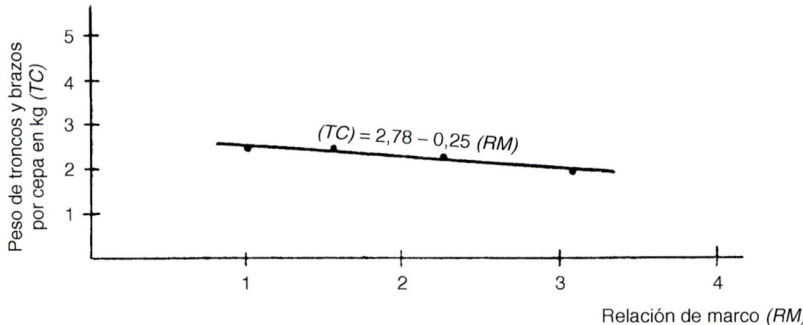

Relación entre tronco y brazos, y la relación de marco (RM) (Luis Hidalgo).

Viñedo en vaso cultivado en la Ribera del Duero (José Hidalgo).

Cubierta vegetal
espontánea en un viñedo
viejo en vaso en Rioja Alta
(José Hidalgo).

dad durante los duros meses de sequía del verano. Esto obligaba a las raíces a profundizar en su búsqueda y ocupar el mayor volumen de suelo posible.

Esta acumulación de agua en el subsuelo, siempre que el terreno tenga suficiente profundidad, favorece la obtención de una cosecha de mejor calidad, como se expondrá más adelante.

En cuanto a la *cubierta vegetal natural* o *impuesta*, existen luces y sombras en su adopción. Sin duda, este sistema de cultivo presenta importantes ventajas: evitar la pérdida de suelo por erosión hídrica o eólica; mejorar la fertilidad biológica del suelo; aumentar la biodiversidad y vida del suelo; actuar como sumidero de gas carbónico en la atmósfera, y mejorar la

Cubierta vegetal parcial
en un viñedo en vaso en
la Ribera del Duero
(José Hidalgo).

calidad de la uva tinta cuando se produce un estrés hídrico moderado durante la última etapa de maduración de los racimos.

Sin embargo, el principal inconveniente que presenta una cubierta vegetal es la competencia por el agua y los nutrientes que se puede establecer entre las raíces del viñedo y las raíces de la vegetación adventicia. No obstante, cuando un viñedo desarrolla un sistema radicular en profundidad, como ocurre en los viñedos viejos, esta competencia prácticamente desaparece, ya que las raíces más someras de la vegetación adventicia ocupan niveles diferentes. Así, ambas especies pueden convivir en armonía entre ellas, pues cada una se desarrolla a un nivel de profundidad diferente. También conviene señalar que el consumo de agua de una cubierta vegetal se puede regular mediante estrategias como las cubiertas temporales o su aplicación parcial en la superficie del viñedo.

El criterio fundamental para obtener la mejor calidad de uva posible en un viñedo es mantener las condiciones originales de su establecimiento, conservadas durante muchos años. Con el tiempo, las vides alcanzan un equilibrio con su medio de cultivo que no debe ser interrumpido mediante prácticas ajenas a esta situación. Cualquier alteración de estas condiciones debe realizarse con extrema prudencia y respeto, buscando siempre una mejora cualitativa de los frutos del viñedo viejo. Un buen ejemplo es la típica transformación de un viñedo viejo cultivado en vaso hacia espaldera con instalación de un sistema de riego, buscando una mejor mecanización y un mayor volumen de cosecha. Esta práctica cambia drásticamente el equilibrio inicial y, a nuestro juicio, el viñedo pierde su condición de viejo, por muchos años que tenga.

2.3.5. Sistema de conducción y poda

El sistema de conducción también condiciona el concepto de *viñedo viejo*, pues

Viñedo en vaso severamente transformado a espaldera en la Ribera del Duero (José Hidalgo).

una de las ventajas que se persigue en este tipo de viñedo es conseguir un importante volumen de madera en cada cepa, tanto en su parte aérea (brazos o cordones y tronco) como en su parte subterránea (injerto y raíces).

Los sistemas de conducción que más madera acumulan son los vasos de varios brazos, seguidos de los cordones en sus muchas variantes, y, finalmente, los métodos de pulgares y varas tipo Guyot o de *daga y espada*, según la antigua denominación española. En los vasos, la mayor acumulación de madera respecto de los cordones se debe fundamentalmente a los brazos cuando son importantes. En el sistema Guyot, la supresión anual en la poda de gran parte de la madera acumulada en la parte aérea hace que el volumen de madera sea inferior respecto a los otros sistemas de conducción.

En los estudios realizados por Luis Hidalgo se determinó que existe un equilibrio entre el peso de la madera de los brazos y troncos y el peso de la madera de las raíces, con una proporción aproximada de uno. Es decir, la masa de madera en la parte aérea de un viñedo equivale a la de la parte subterránea. Si, además, consideramos, como antes hemos comentado, que, a menor densidad de plantación, mayor es el volumen de

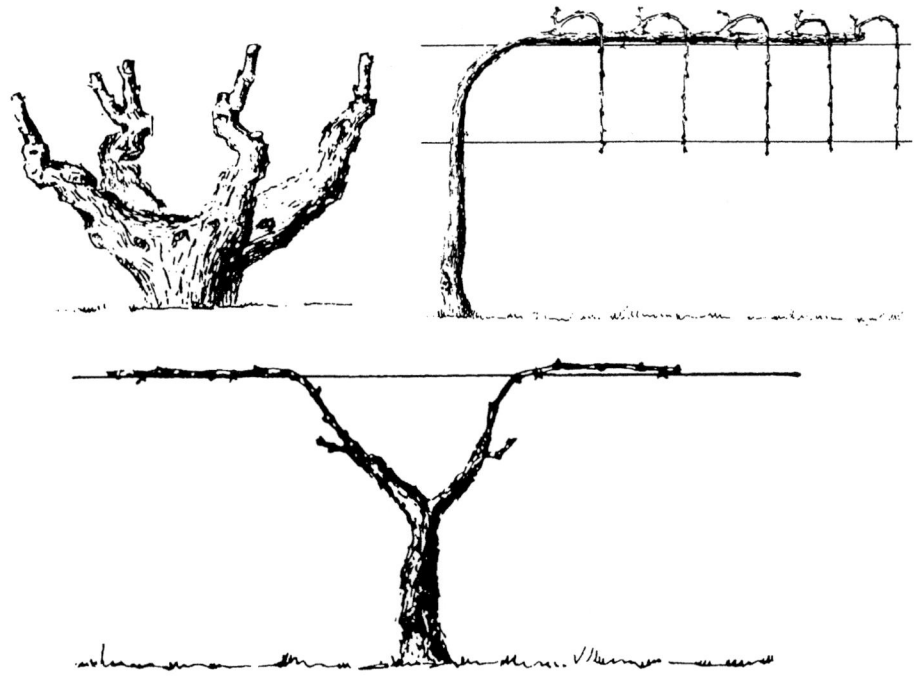

Cepas en vaso, cordón doble y Guyot doble (Luis Hidalgo y José Hidalgo).

madera de las cepas individuales, las consecuencias para la calidad de la uva producida en un viñedo viejo son evidentes.

La habitual práctica de *renovación de brazos en las viñas viejas* formadas en vaso, cuando estos se alejan mucho del tronco para facilitar la mecanización del viñedo o porque el viticultor desea obtener una mayor producción de uva, es totalmente contraria a la calidad de la uva. De hecho, esta práctica reduce la masa de madera en la cepa y produce importantes cicatrices que son vías de penetración para los hongos causantes de las enfermedades de la madera, además de dificultar la adecuada circulación de la savia.

En el caso de las conducciones en cordón, la renovación de los cordones cuando la vegetación se aleja del tronco resulta una práctica casi obligatoria, aunque, desde el punto de vista de la calidad

para un viñedo viejo, sea contraproducente. Por esta y otras razones, la mejor calidad en un viñedo viejo se obtiene generalmente en cepas conducidas en vaso de forma tradicional, siempre que las condiciones de cultivo sean similares.

La conservación de los brazos de madera vieja en las cepas en vaso no impide realizar la poda de forma conveniente, *respetando los flujos de savia* por la parte inferior de los brazos para evitar las cicatrices de poda (*carrera, camino o vena de los verdes*), mientras que las cicatrices de la poda se sitúan en una línea en la parte superior de los mismos (*carrera o camino de los secos*). Esta precaución garantiza la funcionalidad de los brazos del viñedo durante toda la vida de las plantas.

Otro aspecto importante y muy poco considerado es la *poda de raíces*, al que nos referiremos más adelante en el apartado 5.3. "Rejuvenecimiento de raíces".

Detalle del camino de los secos en un brazo de una cepa en vaso en La Mancha (José Hidalgo).

2.4. Fisiología y calidad de los viñedos viejos

La interacción de un viñedo viejo con su medio de cultivo, principalmente el suelo, modifica la fisiología de la vid. Cuando se dan determinadas condiciones impuestas por el medio, se obtiene una cosecha de mayor calidad y tipicidad, aunque de menor volumen.

2.4.1. Equilibrio medio-planta

A lo largo de los años se produce un equilibrio, entre los medios de producción disponibles para la vid, que podemos definir como *terroir* o *terruño* (suelo, clima, variedad, sistema de conducción, poda, etc.), y la planta que habita inmersa en este singular hábitat. Este equilibrio hace que la maduración progresivamente se

Monolito en un viñedo viejo de Rioja (Sojón/ Oxjuel) con el nombre de los propietarios viticultores que lo cultivaron desde su plantación en el año 1925 (José Hidalgo).

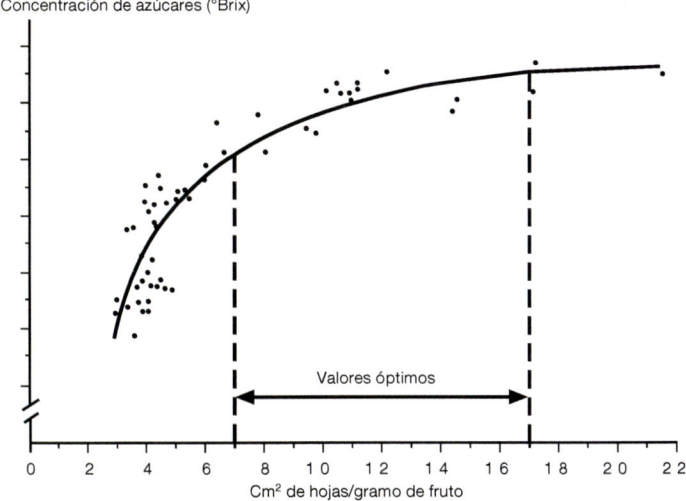

Influencia de la superficie foliar y peso de uva en función de los azúcares (Kliewer y Weaver).

Viña vieja plantada sobre un banco de piedra arenisca en Rioja Alta
(Castillo de Cuzcurrita - Parcela El Tilo);
(José Hidalgo).

optimice en el tiempo, *equilibrándose o autorregulándose de forma natural* la producción de uva, generalmente a la baja, respecto de la superficie foliar de las cepas, hasta alcanzar un valor óptimo de 1,0 a 1,5 m^2 de hojas expuestas por cada kilogramo de vendimia madura. Con estos valores, la síntesis de azúcares en las vides es máxima, y en consecuencia también la formación de los denominados *compuestos de bondad* derivados de estos hidratos de carbono, tales como: aromas, polifenoles, polisacáridos, etc.

No hay que olvidar que los *seres humanos* juegan también un papel principal en la expresión de un *terroir* o medio de cultivo, pues de sus decisiones y actuaciones depende que el viñedo enve-

jezca de forma armónica en consonancia con su entorno.

2.4.2. Sistema radicular profundo y extenso

El potente y profundo sistema radicular de las viñas viejas explora y explota un mayor volumen de suelo, lo que asegura su nutrición mineral y una mayor disponibilidad de agua. De este modo, las cepas son menos sensibles a las variaciones climáticas de cada año y se asegura una elevada y constante maduración a lo largo del tiempo.

El *extenso sistema radicular del viñedo viejo* permite, durante la etapa de maduración y en condiciones de falta de humedad, que las raíces más profundas aprovechen el agua acumulada en invierno y primavera, mientras que las más superficiales permanecen secas. Se produce así un fenómeno denominado *desecación parcial de raíces* en sentido vertical, que induce a la formación de compuestos de bondad, sobre todo en los viñedos de uva tinta. Cuando las raíces sufren un déficit hídrico, forman ácido abscísico que migra hacia las hojas y provoca el cierre de los estomas, favoreciendo de este modo la maduración de la uva. Esto se traduce en una mayor formación de polifenoles y en la reducción del tamaño de las bayas, mientras que el sistema radicular situado en profundidad, al permanecer húmedo, permite que el viñedo continúe realizando el resto de sus funciones vitales con normalidad, fundamentalmente la fotosíntesis y la formación de glúcidos y otros compuestos derivados.

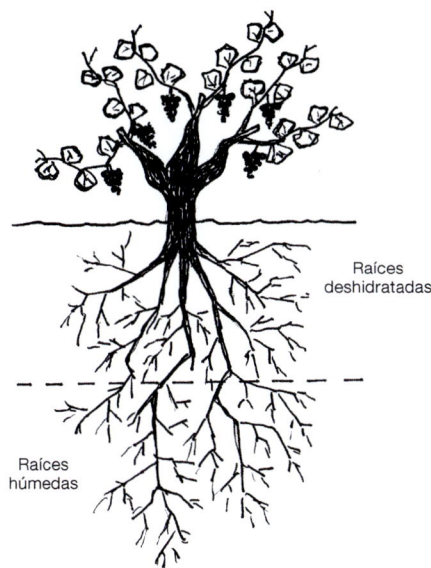

Desecación parcial de raíces en vertical
(José Hidalgo).

En suelos profundos, la *fertilidad disminuye gradualmente en sentido vertical* hacia los horizontes inferiores, lo que implica una menor disponibilidad de nutrientes para las raíces más profundas y, en

consecuencia, un menor vigor de las cepas viejas. Además, el fósforo y el potasio, elementos muy poco móviles y ligados al complejo arcillo-húmico, permanecen en la superficie del perfil del suelo, fuera del alcance de las raíces más profundas. Esto reduce la disponibilidad de potasio y, en consecuencia, produce vendimias con niveles más bajos de pH como factor cualitativo, lo que se traduce en una mayor longevidad del vino elaborado.

A medida que envejecen las viñas, la población de *micorrizas arbusculares* o *endomicorrizas* asociadas a las raíces en una relación simbiótica favorable para ambas, se modifica sensiblemente en el sentido de reducir el número de especies asociadas con una mayor eficacia simbiótica. Aspecto que mejora los efectos beneficiosos para el viñedo, como la nutrición mineral, una mayor resistencia al estrés producido por la sequía, una mayor tolerancia a la clorosis férrica, así como al efecto tóxico de los metales pesados (cobre), así como a la salinidad, además de aumentar la resistencia de las raíces a los

Cepas viejas en vaso en Rioja Alavesa
(José Hidalgo).

Cepas vieja en cordón doble en Rioja Alavesa (José Hidalgo).

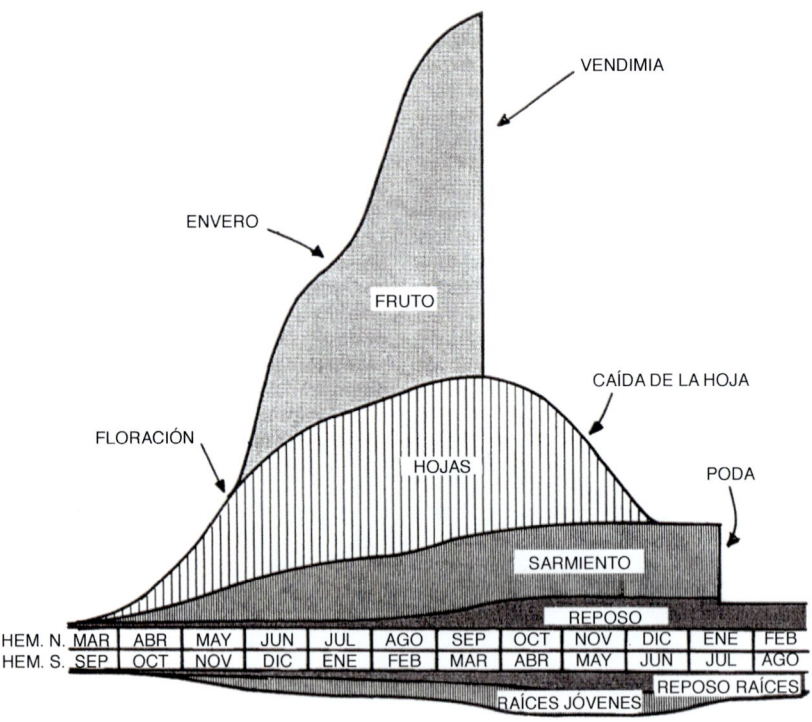

Diagrama de la formación de reservas y pérdidas anuales de una vid adulta (B. G. Coombe).

nematodos *(Xiphimena index)* y a la podredumbre radicular *(Armilaria mellea)*.

2.4.3. Volumen de madera

El mayor volumen de madera vieja en brazos, troncos y raíces, al que nos hemos referido anteriormente, permite la *acumulación de una mayor cantidad de reservas*, generalmente en forma de almidón. Estas reservas, oportunamente movilizadas hacia los racimos, contribuyen a mantener la calidad en las sucesivas vendimias, proporcionando de este modo un *efecto tampón* o de regulación ante

las variaciones interanuales de maduración de la uva.

Aproximadamente un 20 % de los hidratos de carbono sintetizados por la fotosíntesis se utiliza como fuente de energía para realizar las funciones metabólicas de la vid. El 80 % restante se emplea para el crecimiento de la planta, la formación del racimo y la acumulación de reservas energéticas en la madera en forma de almidón. Durante la brotación del viñedo y hasta que este alcanza de 5 a 7 hojas visibles, el desarrollo depende de las reservas acumuladas en la madera. Desde este estado fenológico hasta la flo-

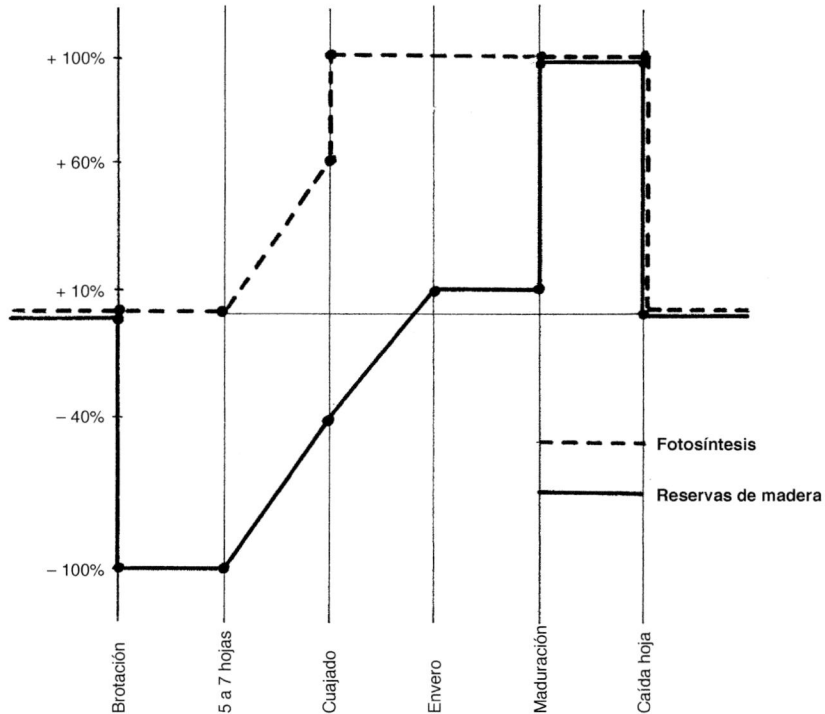

Distribución de la fotosíntesis y reservas de madera en el ciclo vegetativo de la vid (José Hidalgo).

ración-cuajado, el 60-75 % ya procede de la fotosíntesis, pero el 35-40 % sigue proviniendo de las reservas. A partir de este momento, la fotosíntesis proporciona los metabolitos necesarios para el crecimiento de la planta y la maduración de los frutos, destinando solo un 5 % a su acumulación en la madera (brazos, cordones, tronco y raíces), porcentaje que puede ser mayor si la cosecha es escasa. Sin embargo, desde la vendimia hasta la caída de la hoja, las plantas ya no crecen y carecen de racimos, por lo que todos los metabolitos de la fotosíntesis se dirigen hacia la madera, para acumularse y servir al año siguiente como "combustible" de arranque para la brotación del viñedo, tan pronto como se produzcan las condiciones ambientales adecuadas.

La cantidad de madera está íntimamente ligada a la *edad del viñedo* y *al vigor del ecosistema medio-planta*, donde la densidad de plantación es uno de los factores más importantes. A medida que la densidad de plantación disminuye, el peso de madera en brazos, troncos y raíces aumenta por cepa. En un viñedo en vaso de secano estudiado por Luis Hidalgo en el centro de la península ibérica se obtuvieron aproximadamente los siguientes valores:

Densidad de la plantación (cepas/ hectárea)	Brazos y troncos (kg/cepa)	Raíces (kg/cepa)
1000	4,2	4,5
2000	3,0	3,0
3000	2,3	2,2
4000	2,0	2,0

Sin embargo, el peso de madera por hectárea es, por el contrario, mayor a medida que aumenta la densidad de plantación:

Densidad de la plantación (cepas/hectárea)	Brazos, troncos y raíces (kg/cepa)
1000	8700
2000	12 000
3000	13 500
4000	16 000

2.4.4. Extensión de brazos y raíces. Cicatrices de poda

Cuando un viñedo envejece, todos los elementos que conforman las cepas se van *alargando con el tiempo: tronco, brazos* o *cordones* y *raíces*. En estas últimas, solo tienen capacidad de absorción de agua y nutrientes las raicillas situadas en los extremos, donde se encuentran los pelos absorbentes. A medida que se alargan estas raicillas, la región pilífera se desplaza hacia delante para explorar una nueva porción de suelo, donde se forman nuevos pelos cerca de la punta, mientras que los más alejados mueren y caen. En consecuencia, en un viñedo viejo con un sistema radicular extendido tanto en superficie como en profundidad, la zona de absorción de agua y nutrientes queda muy alejada de la cepa, lo que exige un importante *esfuerzo osmótico* para el transporte de la savia bruta desde las raíces hasta las hojas. Este esfuerzo se ve incrementado por la presen-

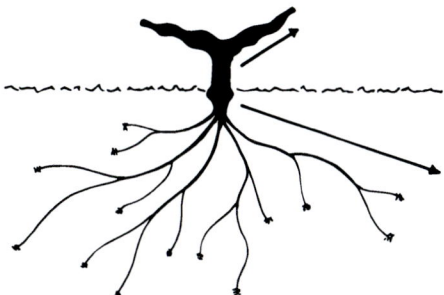

Extensión de troncos y brazos, y raíces
(José Hidalgo).

cia de *nematodos*, *filoxera*, así como otros parásitos y enfermedades fúngicas del suelo que atacan las raíces, lo que dificulta aún más el transporte de la savia bruta hacia el sistema foliar.

Por otra parte, las cepas viejas presentan una *gran cantidad de cicatrices* producidas por las heridas de poda, que dificultan la circulación de la savia bruta y elaborada por los vasos conductores, reduciendo el número y el tamaño de los racimos. Estas dificultades circulatorias, sobre todo en el sentido de la savia descendente elaborada desde las hojas, provocan una mayor acumulación de azúcares en los racimos, así como de otros compuestos de bondad derivados de estos, entre ellos, los aromas y los polifenoles. También las cada vez más frecuentes *enfermedades de madera* suponen un freno a la circulación de la savia, al igual que los problemas de *afinidad entre variedad* y *portainjerto* que pueden existir en algunos viñedos.

En estas condiciones, fisiológicamente, las vides viejas experimentan una elevación del *déficit de presión de difusión (DPD)* en el sistema foliar, como consecuencia de todos los factores restrictivos a la circulación de la savia enumerados tanto en la corona aérea (brazos o cordones y troncos) como en el sistema radicular. Esta situación provoca una elevación de la presión osmótica en las hojas, que se corresponde directamente con la riqueza azucarada de las bayas, mecanismo que explica por qué las cepas viejas producen frutos de mejor calidad.

Cepa en vaso vieja de *Listán prieto* a 1300 m s. n. m. en Vilaflor (Tenerife)
(José Hidalgo).

Para explicar el fenómeno de una forma más técnica, el *potencial hídrico foliar a las 12 horas del mediodía* ($\psi_{12\ horas}$) coincide con el momento de mayor demanda hídrica del viñedo, mientras que el *potencial hídrico foliar antes del amanecer* (ψ_{aa}) coincide con el momento de menor demanda hídrica, valor que también se denomina *potencial hídrico foliar base* (ψ_{base}) *o potencial hídrico foliar del suelo* (ψ_{suelo}). En los viñedos viejos, debido a la extensión de brazos y raíces y a las numerosas heridas de poda, la diferencia entre estos dos valores es mucho más elevada que en una viña más joven. Esto hace que la *ratio* $\psi_{suelo}/\psi_{12\ horas}$ alcance un valor superior a la unidad, lo que convierte a las vides viejas en vides *isohídricas,* con independencia de la variedad. Estas vides se adaptan formando ácido abscísico en las raíces para que las hojas cierren los estomas y ahorren agua. Por el contrario, las vides *anisohídricas* continúan consumiendo agua sin cerrar estomas, lo que puede provocar la pérdida de vegetación e incluso la muerte por embolia gaseosa en el xilema (ejemplo de variedad isohídrica: *Garnacha.* Ejemplos de variedades anisohídricas: *Syrah* y *Tempranillo*).

Esta formación de ácido abscísico, transportado hacia las hojas y los frutos, induce la formación de una mayor cantidad de polifenoles en los granos de uva. Tras el envero, la enzima fenilalanina-amonoliasa (PAL) transforma los azúcares de las bayas en polifenoles, lo que produce vendimias con una mayor concentración de estos compuestos. Un efecto similar ocurre cuando se somete un viñedo convencional a estrés hídrico moderado durante la última etapa de maduración de la uva. Sin embargo, en las viñas viejas se produce el mismo efecto sin que exista carencia de agua en el suelo, lo que permite que la fotosíntesis continúe con normalidad mientras se incrementa de forma notable la calidad de la uva tinta.

Por otra parte, este aparente déficit hídrico que presentan los viñedos viejos adelanta la maduración de la uva, pues reduce el tamaño de las bayas y atenúa la competición por las sustancias carbonadas entre los granos de uva y los brotes del viñedo. La reducción del tamaño de las bayas, unida al mayor engrosamiento de los hollejos, incrementa en la elaboración de los vinos las ratios superficie de hollejos/mosto y masa de hollejos/mosto, lo que produce vinos con una mayor carga de aromas y polifenoles, tanto en variedades tintas como blancas. Se obtienen así vinos de mayor calidad, pero siempre dentro de la vocación enológica de cada variedad de uva.

Las viñas con comportamiento isohídrico, a diferencia de las anisohídricas, son menos sensibles a la sequía y, en especial, a la desecación de las hojas basales, pues evitan la formación de burbujas de aire en los vasos conductores del xilema (embolia gaseosa). En las vides anisohídricas, la planta se defiende de la sequía desecando primero los pecíolos y nervios de las hojas (*senescencia foliar*) antes que los pámpanos o brotes que las soportan. Las hojas actúan así como auténticos "fusibles hidráulicos" para defenderse de la sequía; cuando las condiciones de humedad se restablecen, los brotes pueden desarrollar nuevas hojas. En las vides isohídricas, este mecanismo de defensa es menos frecuente, ya que el cierre de estomas lo previene. Como ya hemos comentado, las viñas viejas, aunque sean varietalmente anisohídricas, se comportan como isohídricas.

Es bastante habitual que los viñedos viejos estén afectados por *virosis* que, en casos extremos, pueden causar la muerte de las cepas. Sin embargo, en situaciones de menor gravedad, estas virosis reducen el vigor de las plantas y disminuyen la producción de uva, efecto que algunos técnicos consideran un factor cualitativo beneficioso, en detrimento de la cantidad de cosecha.

2.5. Gestión del viñedo viejo como patrimonio enológico

Considerando que los viñedos viejos constituyen un importante *patrimonio enológico de un país* —sobre todo en España, líder mundial en extensión de viñedo—, resulta imprescindible que las administraciones elaboren un censo de todos estos viñedos y establezcan las medidas oportunas para su conservación.

Una de las principales *dificultades en la elaboración de un censo riguroso* es determinar con exactitud la edad de los viñedos, pues la única referencia documental procede del Catastro Vitícola Nacional, elaborado en los años setenta por parte del extinto Instituto Nacional de Denominaciones de Origen (INDO), dependiente entonces del Ministerio de Agricultura. En aquel inventario, la edad de los viñedos se estableció según las declaraciones de los viticultores a los agentes censales, por lo que seguramente se produjeron bastantes errores. No obstante, las plantaciones posteriores a ese censo han sido datadas con rigurosidad. Dado que el catastro se realizó de forma escalonada por provincias entre los años setenta y los noventa, actualmente disponemos de datos fiables para viñedos de entre 35 y 45 años.

Por otra parte, la *determinación de la edad de un viñedo* acudiendo a la ciencia de la dendrocronología resulta imposible, pues en la vid no se forman anillos de crecimiento anuales como en otras especies leñosas. La técnica del carbono 14 también resulta inviable para realizar dataciones exactas en períodos de tiempo relativamente cortos como los 50 a 150 años.

La mejor forma de conservar el patrimonio vitícola de los viñedos viejos es que al viticultor le resulte *rentable su explotación*. Las crecientes dificultades para contar con mano de obra especializada hacen que los viticultores sustituyan los viñedos viejos cultivados en vaso por nuevos viñedos conducidos en espaldera. A esto se suma el bajo rendimiento de los viñedos viejos, que aconseja su sustitución por plantaciones más productivas y, como remate, la falta de valoración por parte de las bodegas de la calidad de la uva producida en viñedos de avanzada edad.

También son de avanzada edad muchos viticultores que de forma tradicional han sabido conservar su patrimonio vitícola (los viñedos que heredaron de sus mayores) y que, en muchos casos sin relevo generacional, abandonan o arrancan las viñas para obtener una última y agónica rentabilidad con la venta o traspaso de los llamados *derechos de plantación* o *concesiones administrativas*. También es cierto que algunos jóvenes e ilusionados viticultores, sensibles a esta situación, están reaccionando, pero, no nos engañemos, se trata de casos muy contados dentro del contexto global.

Afortunadamente, estos jóvenes viticultores, así como algunas bodegas sensibilizadas, conscientes de la bondad que ofrecen los frutos de los viñedos viejos, están recuperando y manteniendo tanto sus propios viñedos viejos como los de sus proveedores. Los viticultores consiguen un precio superior a la media de la zona —con incrementos del 50 al 100 %—, mientras que las bodegas elaboran vinos muy especiales de elevado precio que reflejan este valor añadido.

Los denominados Planes de Reconversión de Viñedos, ejecutados en los últimos años con ingentes fondos de la Unión Europea, para facilitar al viticultor la modernización de sus viñedos y, en consecuencia, conseguir una mayor rentabilidad, han resultado nefastos para la conservación de los viñedos viejos. De hecho, el arranque de viejas plantaciones en Europa ha sido masivo.

Dicho así, la política de arranque de viñedo viejo auspiciada por las administraciones no parece tan grave. Pero, si se hubiera tenido en cuenta la grave *erosión genética de variedades* y, sobre todo, *de clones varietales* que esta acción ha provocado, los citados planes se habrían realizado de diferente forma y con un criterio más conservacionista. Consideramos que no podemos permitir que este material se extinga sin otro argumento que la productividad.

Es bien sabido cómo se plantaban antiguamente los viñedos: el *material era totalmente heterogéneo* en toda la plantación, pues las plantaciones monoclonales son muchos más recientes. Por tanto, un viñedo viejo puede albergar gratas e insospechadas sorpresas. El problema radica en cómo hacer estos descubrimientos, pues se requiere, primero, conciencia y voluntad de estudio, luego, seleccionar viñedos muy viejos aparentemente heterogéneos, priorizando los de mayor edad, y, finalmente, contar con un importante presupuesto económico para abordarlo. Solo las administraciones pueden afrontar esta tarea, aunque también la están llevando a cabo algunos viveristas y bodegas sensibilizadas con este asunto.

A título de ejemplo, expongo un curioso y bonito caso real para ilustrar lo dicho anteriormente. Llegó a nuestras manos un viñedo muy viejo de la denominación de origen Rueda, de hecho, era centenario, pues estaba documentada su plantación en el año 1900, por lo que nos preguntamos si podría ser prefiloxérico.

Para determinarlo se encargó un análisis genético de las raíces en una muestra de cinco cepas. El estudio reveló que se trataba en todos los casos de *Vitis vinifera*, por lo que podía considerarse prefiloxérica, puesto que esta plaga llegó a esta zona años después de la plantación. Pero la sorpresa fue que, de las cinco cepas analizadas, cuatro pertenecían a la variedad *Verdejo,* actualmente cultivada en la zona, mientras que la quinta correspondía a una variedad desconocida. Sin buscarlo, y pretendiendo encontrar una joya, hallamos por casualidad un fabuloso tesoro.

Otro problema han sido las actuaciones de *concentración parcelaria* en zonas de viñedos viejos, desarrolladas sin criterio de conservación del patrimonio vitícola. Tras las adjudicaciones de las nuevas parcelas, se arrancan inmediatamente los viñedos viejos. Recordemos el caso de Villalba de Rioja, en Rioja Alta, donde, antes de su concentración parcelaria realizada a finales del siglo pasado, algunas bodegas importantes la consideraban una zona muy singular y presumían de ello en sus vinos y etiquetas.

Recientemente se ha reconocido a los viñedos como *sumideros de carbono*, pues fijan el dióxido de carbono de la atmósfera en la madera, la flora adventicia y la materia orgánica del suelo. Los viñedos viejos, por su gran volumen de madera en brazos o cordones, troncos y raíces, así como por su forma de cultivo, pueden contribuir notablemente a este efecto de gran interés para el medio ambiente. Esto constituye otro argumento de peso para evitar su arranque indiscriminado.

Para terminar, también deberíamos reflexionar sobre las *nuevas plantaciones*, pues, dentro de una década, si se cultivan adecuadamente, se convertirán en viñedos viejos, aunque probablemente de menor calidad que los actuales. Las densidades de plantación, marcos de plantación y sistemas de conducción principalmente difieren notablemente de los tradicionales, debido a la falta de mano de obra y la necesidad de mecanización.

Sin embargo, muchos viticultores y bodegas, conscientes de esta realidad, continúan *plantando viñedos con los criterios antiguos:* viñas en vaso, marcos amplios y regulares, podas respetuosas y cultivo en secano. Algunos incluso aplican prácticas de cultivo que anticipan la fisiología de las viñas viejas, pero sin los inconvenientes que presenta un viñedo viejo: marras, enfermedades de madera, etc. Incluso algunos han diseñado un *viñedo en vaso que pueda ser mecanizable* durante la primera etapa de juventud y madurez del viñedo para que, a partir de una determinada edad, se gestione como una viña vieja. Esto se logra mediante un sistema de conducción en forma de vaso alto en *abanico* o *cresta de gallo*, bien entutorado o con un simple alambre horizontal, donde los brazos de las cepas se sitúan en un plano vertical siguiendo la línea de cultivo, lo que permite el paso de una máquina vendimiadora. Aunque un vaso tradicional de 3 o 4 brazos resulta más equilibrado, la forma propuesta representa una adaptación a las necesidades actuales.

Cepa en vaso vieja en abanico o cresta de gallo en Rioja Alta (Bodega Martínez Lacuesta).

Poda de formación de una cepa en abanico o cresta de gallo en Ribera del Duero (José Hidalgo).

3 Principios generales de formación de las vides y sistemas de poda

3.1. Principios generales de la poda

Con la palabra *poda* se designan los distintos cortes y supresiones que se ejecutan en los sarmientos, brazos y, excepcionalmente, el tronco, así como en las partes herbáceas (pámpanos, hojas, racimos, etc.). Estas tareas se llevan anualmente o con cierta periodicidad, con los fines que iremos especificando.

Algunas de ellas, que se practican generalmente durante el período de reposo de la vid sobre partes agostadas (sarmientos, brazos y troncos), se designan con el nombre de *poda en seco* o *poda de invierno*. Por su importancia, se realizan todos los años y en adelante las denominaremos escuetamente como poda.

Otras se llevan a cabo durante el período de vida activa de la planta sobre sus órganos herbáceos, y se agrupan bajo la denominación de *operaciones en verde*. Estas contribuyen, junto con la poda, a conseguir los objetivos deseados. En muchos casos, no son de práctica general, y su tratamiento detallado queda fuera del objeto de esta obra.

Cuando se abandona la vid a sí misma, adquiere pronto dimensiones muy amplias: sus sarmientos producen abundantes pámpanos (concentrados principalmente en las partes extremas y de poco vigor individual), mientras que en sus bases y zonas medias mantienen yemas latentes sin brotar. Esto se debe a los fenómenos de acrotonía e inhibición correlativa, y a que las reservas acumuladas en las partes vivaces de la planta durante la vegetación del año anterior no bastan para activar tantos conos vegetativos ni para provocar la brotación en los rudimentarios de las yemas basilares o en las yemas dormidas de los brazos y troncos. Por ello, es rarísimo que las vides sin podar den esperguras o chupones. La vegetación se aleja progresivamente, cada año, del tronco y brazos, dando a la planta dimensiones muy grandes y formas desordenadas que dificultan enormemente todas las operaciones de cultivo.

Por otra parte, los numerosos racimos que produce esta gran vegetación libre, precisamente por su abundancia, disponen de pocas reservas almacenadas. Por este motivo se quedan pequeños, pues maduran deficientemente y con retraso cuando las condiciones climáticas son limitantes.

Además, esta gran cantidad de reservas o savia se desvía del almacenamiento normal que debe tener lugar en los tejidos de las partes vivaces, que deben producir el brote siguiente y, como también se reduce la alimentación de los racimillos de flor que se están formando en los conos de las yemas latentes, la brotación siguiente se inicia débil, con pocos y pequeños racimillos en flor. La cepa queda deprimida o agotada, pierde potencial vegetativo y tarda varios años en recuperarse para dar una cosecha importante; se hace, pues, *vecera,* como muchas otras especies leñosas.

Pero aún hay más: si bien los efectos de esta gran vegetación y fructificación pueden ser temporalmente aceptables en veranos con lluvias relativamente abundantes y moderadamente calurosos; en los veranos secos y calurosos, de gran evaporación, se producirán escaldados y desecaciones más o menos intensas en hojas y racimos.

Por estas razones, y aun sabiendo que la poda resta vigor a la planta, se admite como operación necesaria, ya que sin ella el cultivo de la vid no resultaría rentable.

Como consecuencia de todo lo anterior, los objetivos de la poda son:

1. Dar a la planta, en sus primeros años, una forma o estructura determinada y, más tarde, mantenerla para facilitar todas las operaciones de cultivo, garantizando así la rentabilidad de la explotación de la vid.

2. Conseguir una cosecha anual lo más regular y constante posible, evitando los fenómenos de la vecería.

3. Regularizar la fructificación, logrando que los racimos aumenten o conserven su tamaño, mejoren en calidad y maduren correctamente.

4. Dentro de la forma dada a la cepa, acomodar sus dimensiones y limitar su potencial vegetativo, armonizándolo con las características de la variedad explotada y las posibilidades del medio para colocarla en las mejores condiciones posibles de insolación y aireación, favoreciendo sus funciones esenciales, como la fotosíntesis, y evitando accidentes y enfermedades.

5. Atender al buen gobierno de la savia y a su prudente distribución. Recordemos que al podar es cuando actuamos con mayor eficacia para conseguir y mantener el equilibrio biológico de la vid.

6. Disminuir las pérdidas del potencial vegetativo o, excepcionalmente, en la mayoría de nuestras situaciones, acentuarlas con juicio, según se persiga cantidad o calidad. La poda asegura una mayor duración de la vid o de la viña, retrasando su vejez.

Al enunciar los siguientes principios generales de formación y de poda será inevitable repetir ciertos conceptos, pero esto nos permite insistir sobre determinados puntos importantes para facilitar su completa comprensión.

1. Normalmente, las *yemas francas* situadas en sarmientos que a su vez nacen sobre otros de cualquier origen (ya sean sarmientos que han fructificado, esperguras o chupones agostados, etc.) son fértiles y contienen uno, dos, tres o más racimillos de flor, habitualmente dos. La estructura de tales racimillos, su tamaño y número de florecillas, es más perfecta a medida que las yemas se alejan de la base del sarmiento, alcanzando el máximo hacia la parte media. En estos sarmientos, las *yemas basilares* o *casqueras* no suelen contener racimos, excepto la más importante y abultada, la *yema ciega*, que suele llevar uno.

    Hemos hablado de casos corrientes, pero hay algunas variedades de vid en que las yemas casqueras, e incluso las *yemas dormidas*, situadas en madera vieja, ofrecen una fertilidad más acusada, especialmente cuando en el año anterior las condiciones climáticas fueron favorables durante las fases de crecimiento y acumulación de reservas, que son los períodos en los que se forman y perfeccionan los racimillos en los conos vegetativos.

    Por el contrario, hay variedades de vid en que las dos primeras yemas francas, normalmente fértiles en la mayoría de los casos, no manifiestan esa fertilidad, que sí aparece en yemas de rango superior: cuarto, quinto o más (*Verdejo, Malvasía, Ohanes, Sultanina,* etc.).

    Es, pues, *esencial conocer la fertilidad de las yemas y su situación en cada variedad o clase de vid que se vaya a podar.*

    Solo el número de yemas regularmente fructíferas (dos racimillos) respetadas en la poda constituirá lo que entendemos por *carga.* Las demás, con escasa o nula fertilidad, se considerarán *fuera de carga,* aunque en ciertos casos puedan contribuir a la producción y, desde luego, servir para otras finalidades, como el rejuvenecimiento de un brazo o de la cepa entera.

2. *La producción de una cepa en un año determinado depende esencial-*

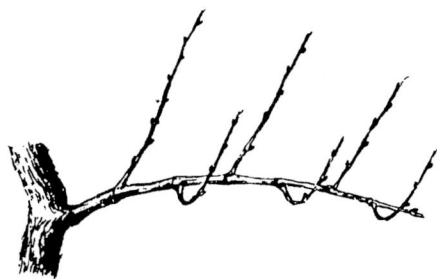

Influencia de la posición de las yemas en un sarmiento, arriba o abajo, en el desarrollo de los pámpanos originados por ellas (Luis Hidalgo).

mente del número de yemas francas dejadas en la poda correspondiente a ese año; esto es, de la carga.

Dos cepas de la misma variedad, en igualdad de condiciones y con idéntica carga, pueden tener producciones diferentes según cómo se haya repartido esa *carga*, porque las yemas de las varas o sacas tienen fertilidad más pronunciada debido a la perfección de sus racimillos, relacionada con su posición en el sarmiento o a las condiciones ambientales en su formación en el pámpano el año anterior.

3. *La actividad vegetativa, o vigor, de una cepa o parte de ella, depende del número de hojas activas y completamente desarrolladas que lleve.*

Insistimos en que son estas hojas adultas las que dirigen fundamentalmente la transformación de savia bruta en savia elaborada, que alimenta todos los órganos de la vid.

4. *Las cepas de buen vigor, con sarmientos de grosor regular, son las que dan mejores resultados. El mantenimiento de ese vigor adecuado en toda la cepa y en sus brazos permite obtener cosechas satisfactorias año tras año.*

La expresión popular de que vigor y fructificación son incompatibles en una cepa tiene bastante fundamento, porque los sarmientos muy vigorosos o muy gruesos no suelen tener las primeras yemas muy fructíferas, hecho bien comprobado en la práctica.

Los sarmientos débiles o muy delgados, aunque den producción satisfactoria en el año correspondiente, indican un escaso vigor. Si se continúa buscando la producción en estos sarmientos desmedrados en años sucesivos, se irá disminuyendo su vigor y sus posibilidades.

Lo dicho respecto de los sarmientos es aplicable a la cepa entera. Las plantas de vigor exagerado o muy débiles no son las más productivas, pues tienen yemas menos fértiles en posiciones equivalentes. Además, en la floración o cuajado, el corrimiento suele provocar mermas considerables en la producción.

5. *El desarrollo de los brotes de un brazo o de la cepa es inversamente proporcional a su número.*

Concentrando en pocos brotes toda la actividad vegetativa del brazo o de la cepa se aumentará su vigor individual, mientras que, si se distribuye entre muchos, este disminuirá.

Ello no tiene nada que ver con el vigor total de la cepa, reflejado por el peso de todos los sarmientos. Así, una cepa con poda pobre, que deja pocos pulgares y yemas, tendrá pocos brotes o sarmientos muy vigorosos; mientras que otra con poda rica, que deja bastantes pulgares e incluso sacas, llevará más sarmientos, pero de menos vigor. No obstante, el peso total de los sarmientos de la primera cepa será inferior al de la segunda si ambas cepas son de igual índole y están en idénticas circunstancias. Así pues, el vigor total de la primera cepa, a pesar de sus sarmientos robustos, será menor que el de la segunda, en la que el número de estos es mayor, pero de menor grosor.

Insistamos en que la poda, cuanto más severa sea, disminuye el vigor de la planta, es decir, el peso total de los sarmientos.

Esta norma, que es importante recordar, sirve, entre otros fines, para distribuir adecuadamente el vigor total entre las distintas partes de una cepa: se poda severamente para debilitar brazos con sarmientos demasiado gruesos y se robustecen los débiles con una poda ligera.

6. *La actividad vegetativa del brote o pámpano depende:*

a) *De su posición en el pulgar o vara, siendo la yema extrema o más cercana a la punta la más favorecida.*

b) *De su dirección, de modo que los más próximos a la vertical son los que crecen con mayor vigor.*

Es consecuencia esta norma de los fenómenos de acrotonía e inhibición correlativa de las yemas en su desarrollo y de la nutrición más o menos favorecida de los pámpanos.

Tiene aplicación en numerosos casos para equilibrar el vigor individual de los diferentes pámpanos de una vara en formas que requieren soportes, como las formas alambradas, enderezando unos e inclinando otros según exija su grado de crecimiento.

Esta norma no solo se aplica a los pámpanos, sino que también se arquean las varas largas en formas libres y alambradas. El arqueado provoca la extensión de todos los tejidos de la parte convexa del arco y la compresión de los de la cóncava, lo que dismi-

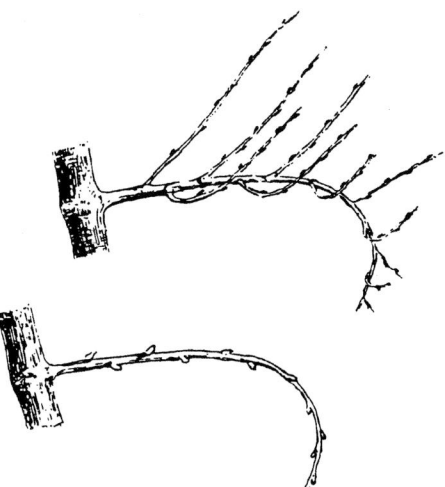

Influencia del arqueado de un sarmiento en el desarrollo de sus pámpanos
(Luis Hidalgo).

nuye el calibre de los vasos conductores, situados entre ambas superficies y reduce el flujo de savia. Así, las yemas del arco, al brotar, darán pámpanos peor nutridos y, por tanto, más débiles que las situadas antes del arqueado. Esta circunstancia permite obtener brotes vigorosos en la base de una vara para sustituir un pulgar perdido por cualquier causa fortuita, sin necesidad de alargar mucho el brazo.

También ha de tenerse presente que, en un sarmiento inclinado u horizontal, las yemas situadas en el lado superior, al estar más verticales, originan brotes más vigorosos que las del lado inferior.

7. A semejanza de lo dicho para los pámpanos en el principio quinto, *los racimos y los granos de uva que los constituyen son tanto más voluminosos y pesados cuanto menor sea su número en el racimo, brazo o cepa entera que los soporta.*

Lo que tampoco quiere decir que la cosecha de una cepa con cuatro racimos sea superior a la de otra de la misma clase que lleve diez, en idénticas condiciones, porque solo nos referimos a pesos individuales.

Es fundamental que el viticultor comprenda y tenga presente que la producción de una cepa, aunque crece en proporción al número de racimos que

lleve, no lo hace de modo ilimitado, puesto que no podrá superar la producción correspondiente a las reservas disponibles de la planta.

Como consecuencia de orden práctico de este principio, cuando se busca obtener racimos de gran volumen con granos gruesos —caso frecuente al explotar variedades de uva de mesa—, debemos limitar el número de racimos por cepa e incluso suprimir algunos granos mediante operaciones adecuadas.

8. *La poda de una cepa debe estar en armonía con la variedad de vid que se explota, es decir, con su vocación; con las condiciones del medio vitícola en que está situada, y con su potencial vegetativo (vigor, estado de fructificación, edad de la cepa, etc.).*

Como ya se indicó, pretender alcanzar grandes producciones con variedades finas o de calidad es poco recomendable. De conseguirlo, se produciría una disminución de la calidad y el consecuente debilitamiento de la cepa, lo que exigiría la rectificación adecuada y un mayor esmero en las labores y el abonado para aumentar el potencial vegetativo, lo que implica un aumento de coste.

Por otra parte, restringir la producción en busca de calidad excepcional en variedades cuya vocación es la abundancia de fruto llevará a invertir casi todo el trabajo de la cepa en vigor o madera, con perjuicio para la cuantía de la cosecha.

Lo expuesto sobre la vocación de la vinífera es, en cierto sentido, aplicable al medio vitícola. Los climas de verano caluroso y seco, las tierras pobres, los marcos de plantación más bien estrechos y, especialmente, los portainjertos poco vigorosos (como el 41-B de Millardet, 420-A de Millardet, 3309 de Couderc, etc.) son factores que confieren una vocación decidida hacia producciones más bien cortas, pero de excelente calidad. Intentar cambiar esa vocación forzando las producciones suele conducir a resultados poco satisfactorios.

En los casos de cepas con potencial vegetativo modesto, o aquellas que muestran pérdida de vigor continuada —ya sea por cultivo deficiente, por accidentes de diversa índole o por producciones exageradas, o las que están en estado decrépito—, el hecho de dejarlas con muchas yemas fructíferas solo conduce a un acortamiento de la vida de la cepa y a la reducción de la calidad del fruto.

9. *Con todos los sistemas de poda debe procurarse que los órganos verdes, y con ellos los racimos, gocen de las condiciones más convenientes de calor, luz y aireación.*

Porque los órganos verdes dirigen la función asimiladora de las hojas, la transpiración o evaporación de agua, y la pérdida de agua del suelo. La iluminación es además un factor importante para la iniciación y diferenciación floral de las yemas en los pámpanos del año anterior. La aireación contribuye en buena medida a disminuir los riesgos de las enfermedades criptogámicas.

10. *Para prolongar un brazo debe elegirse el sarmiento más bajo y más cercano a la base.*

De este modo se evitarán alargamientos exagerados del brazo y la consiguiente desecación por debajo del pulgar —trozo de sarmiento inserto en otro del año anterior, con dos o tres yemas—.

Para continuar un brazo debe elegirse el sarmiento situado más cerca de la base (Luis Hidalgo).

3.2. Notas históricas sobre la poda de la vid en España

Lucio Junio Moderato Columela, tratadista de agricultura, nacido en Cádiz durante el reinado del emperador Augusto, hacia el año 750 de la fundación de Roma (año 3 a. C.), en su obra *De re rustica* o *Los doce libros de agricultura*, traducida al castellano por Juan María Álvarez de Sotomayor y Rubio en el año 1824, en su capítulo XXIV del libro cuarto, "Qué cosas ha de observar y cuáles ha de evitar el buen viñero en la poda de la viña", dice sabiamente lo siguiente:

Cortes correctos en el brazo podado a pulgar y vara. Los pámpanos se presentan delgados para claridad del dibujo (Luis Hidalgo).

Cuando tiene cuatro o más yemas, se denomina vara. Se exceptúan de este principio los casos de helada, pedrisco o mala dirección que puedan afectar al brazo.

Como ampliación de este principio, y para el caso de podas con pulgares y varas en el mismo brazo, como estas sacas o varas se suprimen al año siguiente, cuando ya han producido, es necesario que estén situadas por encima del pulgar.

La denominada *poda de respeto*, que veremos más adelante, está modificando este criterio.

En fin, siempre que el viñero haya de dar esta labor, ha de observar tres cosas principalmente. La primera, llevar la mira, cuanto sea posible, de que produzca fruto; la segunda, escoger ya desde entonces para el año siguiente los sarmientos más fértiles; y por último, asegurar a la viña la más larga duración. Pues cualquiera de estas cosas que se omita acarrea al dueño un perjuicio grande. Pero como la vid está dividida en cuatro partes, mira a otras tantas plagas del cielo, y como estas plagas tengan cualidades contrarias entre sí, piden también arreglos diversos en las vides en razón a su exposición. Por lo cual, los brazos que estén expuestos a los septentriones deben recibir muy pocos cortes; y sobre todo, si se podaren cuando ya amenazan los fríos, con los cuales se queman las cicatrices. Y así solo se ha de dejar un sarmiento próximo al yugo, y un *tornillo* por bajo, que renueve la vid

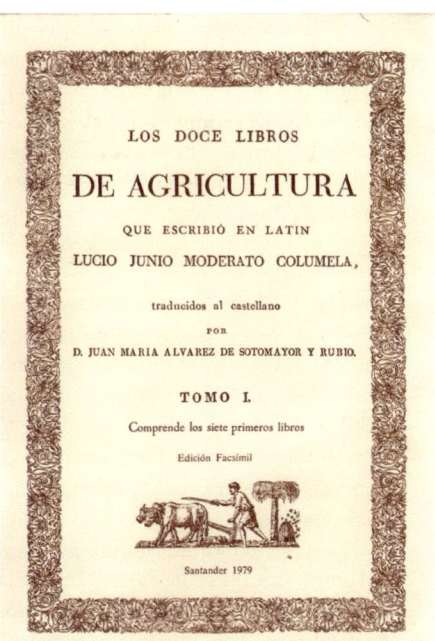

Los doce libros de agricultura (Lucio Junio Moderato Columela, año 3 a. C.).

así), siempre se ha de desviar con un azadoncillo la tierra que tiene alrededor del pie, y si está unido a las raíces el renuevo que la gente del campo llama *suffrago* (sierpes) se ha de arrancar con cuidado y alisar con el hierro para que despida las aguas del invierno. Pues es mejor quitar los brotes que salen del corte que dejarlo lleno de nudos y desigual. Porque en el primer caso se cicatriza pronto la herida, y en el segundo se excava y se pudre.

Después de haber cuidado los pies (por decirlo así) se han de registrar las mismas cañas (tutores) y los troncos, para no dejar sarmiento alguno pampinario, que haya brotado del medio de ellos, o algún tumor semejante a una verruga, a no ser que la vid se haya subido más alta que el yugo y necesite rebajarse. Pero si la parte del tronco que se ha cortado se ha quedado seca del todo por el ardor del sol, o la vid se ha puesto hueca con las aguas, o por los insectos dañosos que se introducen por la médula, convendrá limpiarla con la azuela de toda la madera muerta; después rasparla con la podadera hasta lo vivo, para que cicatrice en lo verde del tronco. Y no es difícil untar las heridas, después de haberlas alisado, con tierra que se haya humedecido antes con alpechín. Porque esta especie de untura desvía de la vid la carcoma y las hormigas, y la preserva del sol y de las lluvias, por lo que se consolidan más pronto, y se conserva el tronco verde. Así mismo, se ha de quitar hasta lo vivo la corteza seca y hendida, que está colgando por lo alto del tronco; porque, libertada la vid de esta especie de inmundicias, se recupera mejor, y deja en su vino menos heces. Igualmente

al año siguiente. Pero, por el contrario, hacia el mediodía se dejarán muchas ramas que hagan sombra a la madre, cuando padezca con los calores del estío, y no dejen que el fruto se seque antes de madurar. En cuanto a la exposición de levante y de poniente, no hay, a la verdad, una diferencia grande en la poda, porque en ambas recibe la vid el sol por igual número de horas.

Y así, el número de sarmientos que se ha de dejar es el que dictare la fertilidad del terreno y de la misma planta. Estos son los preceptos generales de la poda; los que siguen se han de observar en particular. Porque, para comenzar por la parte más baja de la vid, como por sus fundamentos (para explicarme se debe quitar y raspar con el hierro el musgo que tiene liadas y comprimidas las cañas de la vid como con grillos, y que con la suciedad y orrura antigua la debilita. Y esto es lo que hay que hacer en la parte inferior de la vid. Y no menos se prescribirá en seguida lo que se ha de observar en la cabeza.

Las heridas que se hacen en la vid en lo duro deben ser oblicuas y redondas, porque se recuperan más pronto y, mientras no se hayan cicatrizado, dejan correr más cómodamente el agua; las horizontales reciben más agua y la retienen. Esta es una falta que ha de evitar sobre todo el viñero. Corte los sarmientos chupones, los viejos, los que han salido en mal sitio, los torcidos, los que miran hacia abajo; deje los nuevos y los fructuarios que sean derechos; conserve los brazos tiernos y verdes; corte con la podadera los secos y viejos; pode los espolones de los tornillos de un año. Cuando la vid haya subido a la altura de casi cuatro pies, fórmele otros tantos brazos, cada uno de los cuales esté mirando a cada una de las partes del yugo cruzado; en seguida, si la vid fuere muy endeble, deje un sarmiento a cada brazo, y si fuere más grueso, dos, y después de puestos en el yugo los dejará caer hacia abajo. Pero convendrá tener presente no permitir que haya sobre la misma línea y en el mismo lado del brazo dos o más sarmientos, pues es muy perjudicial a la vid que todas las partes de un brazo no trabajen igualmente, y que no suministren iguales porciones de jugo nutricio a sus hijos, sino que si se le saca por un lado todo el jugo, resulta que la vena cuyo jugo se agota queda seca como si la hubiera herido un rayo.

Se llama *focáneo* el sarmiento que suele salir en el seno de la horquilla, que forman dos brazos de la vid; y por eso le da la gente del campo ese nombre, pues, naciendo entre dos de los brazos en que se divide la vid, tiene sitiadas sus fauces, por así decirlo, e intercepta los alimentos de uno y otro. Este sarmiento, pues, tienen los mismos buen cuidado de cortarlo, y de alisar el corte antes de que fortifique. Sin embargo, si ha tomado tanta fuerza que ha hecho padecer a uno u otro brazo, se corta el que está más débil de los dos, y se le sustituye por el mismo focáneo. Pues, cortado el brazo, la madre da fuerzas con igualdad a una parte y a otra.

Después pondrás a un pie por bajo del yugo la cabeza de la vid, desde la cual se desplegarán (como he dicho) los cuatro brazos, sobre los cuales se renueve la misma todos los años, cortando los sarmientos antiguos, y dejando en su lugar otros nuevos, cuya elección se debe hacer con inteligencia. Pues donde hay mucha abundancia de ellos, ha de procurar el podador no dejar los más inmediatos a lo duro; esto es, al tronco y a la cabeza, ni por el contrario los más retirados: pues aquellos contribuyen muy poco para la vendimia, porque producen un fruto escaso, respecto a que son semejantes a los pampinarios, y estos apuran la vid, porque la cargan de demasiado fruto, y se extienden hasta una segunda o tercera estaca, lo que hemos dicho ser vicioso. Por lo cual será lo mejor dejar los sarmientos que se hallen a medio brazo, para que no nos hagan perder la esperanza de la vendimia, ni desustancien su planta. Algunos, movidos de codicia, hacen producir fruto a la vid, dejando los sarmientos de la extremidad y los de en medio, y podando también para tornillo el más cercano a lo duro; lo cual de ninguna manera pienso que se ha de hacer si no lo permiten las fuerzas del suelo y del tronco, porque se cubren de tantas uvas, que no pueden llegar a madurarlas si no hay fertilidad en la tierra y en el tronco.

El subsidiario o custodio no se debe dejar de pulgar, cuando los sarmientos de que se esperan los frutos próximos están situados en lugar conveniente; pues luego que los hayas atado y los hayas encorvado hacia la tierra, los excitarás a que arrojen sarmientos por debajo de la atadura. Pero si la vid se hubiere extendido más lejos de lo que permite la costumbre de los cultivadores, y, arrojando por la cabeza, se hubiere adelantado con sus brazos a los caballetes de los yugos extraños, dejaremos junto al tronco un tornillo vigoroso y muy grande de dos o tres nudos para que del sarmiento que arroje esta especie de pulgar al año siguiente se forme un brazo, a fin de que, podada de esta suerte la vid, se renueve, y se contenga dentro de los límites de su yugo. Pero para dejar este tornillo se han de observar sobre todo estas cosas. Primeramente, que el corte no esté horizontal ni mirando al cielo, sino más bien oblicuo e inclinado hacia la tierra, pues de esta suerte se defiende por sí mismo de las heladas, y se oculta del sol: en segundo lugar, que este corte no sea semejante a una saeta, sino a los cascos de las bestias, porque aquel se deseca más pronto y en mayor extensión; este solo cesa de crecer, pero más tarde y por menos espacio. Y sobre todo se ha de evitar una cosa que veo practicarse

muy viciosamente. Pues, sin más objeto que el que el tornillo esté bonito, cortan el sarmiento junto al nudo para que sea más corto aquel y semejante al pulgar. Pero esto es muy perjudicial, porque la yema que está junto al corte padece con las heladas y el frío, y después con el calor. Y así lo mejor es cortar el sarmiento subsidiario o tornillo por la mitad poco más o menos del cañuto, inclinando el corte hacia el lado opuesto a la yema, para que no llore sobre ella, como hemos dicho ya, y la ciegue cuando va a brotar. Pero, si no hubiere de qué formar un tornillo, se ha de ver si hay con qué hacer un alarife, que aunque se pode muy corto, a manera de verruga, dé en la primavera inmediata un sarmiento que dejemos para brazo o para fructuario. Si ni aun este se encuentra, se ha de herir la vid con un hierro en aquella parte de donde queremos hacer brotar sarmientos.

En fin, soy de sentir que los sarmientos de fruto, que preparamos para la vendimia, se han de limpiar muy bien de zarcillos y de nietos. Mas se ha de observar distinto método en el corte de estos, que en el de los que salen del tronco. Pues los que salen de lo duro se cortan aplicando fuertemente la podadera, y se alisa el corte para que cicatrice más pronto; por el contrario, todo lo que ha salido de lo tierno se corta un poco más largo: pongo por ejemplo el nieto, porque ordinariamente tiene en el lado una yema, por la cual se ha de mirar para que no se corte con la podadera, pues, si lo podas más al casco aplicándole la podadera, o se quita toda la yema, o se hiere; por lo cual el sarmiento que arroje en llegando el tiempo de la germinación será endeble y poco fructuoso; además padecerá más con los vientos, sin duda porque salió sin vigor de la cicatriz. Pero la longitud de estos mismos sarmientos que hemos de dejar es difícil determinarla. Sin embargo, la mayor parte de los cultivadores los prepara de modo que tengan la longitud suficiente para pasar por encima del yugo, encorvándose y caer por él, sin llegar a la tierra. Nosotros creemos que se ha de examinar más por menor, en primer lugar, la naturaleza de la vid, porque, si es robusta, sostiene sarmientos más largos; en segundo si el terreno es pingüe, porque, si lo es, por más robusta que sea la vid, la haremos morir prontamente, debilitada con sarmientos muy largos. Pero la longitud de estos no se estima por su medida, sino por el número de sus yemas, porque, cuando son mayores los espacios que hay entre los nudos, se pueden dejar crecer hasta que casi lleguen a la tierra, pues a pesar de esto echará pocos renuevos; mas, cuando aquellos son cortos y las yemas muchas, aunque no es largo el sarmiento, se cubre de muchos vástagos y produce fruto en abundancia. Por lo que el sarmiento de esta clase es de toda precisión acortarlo para que no se cargue la vid de ramas de fruto muy altas. Y ha de examinar el viñero si la vendimia del año anterior ha sido grande o no, pues, después de haber producido la vid muchos frutos, se debe dejar descansar, y por lo tanto podar corto, y después de haber tenido cosecha escasa, se ha de podar largo.

Sobre todo lo demás, creemos que toda esta labor se debe ejecutar con herramientas duras, muy delgadas y afiladas; pues una podadera obtusa, gruesa y blanda detiene al podador, y hace menos trabajo con más fatiga, porque o se dobla el filo, lo que sucede con la herramienta blanda, o tarda más en penetrar, como se verifica en la obtusa y gruesa, y entonces se necesita de más esfuerzo; y también los cortes ásperos y desiguales despedazan la viña, pues la operación no se hace con un solo golpe, sino con muchos, de lo que resulta frecuentemente que lo que se había de cortar se quiebra, y que la vid, despedazada y llena de desigualdades, se pudre con las aguas, y las heridas no sanan. Por lo cual se ha de hacer al podador el más estrecho encargo para que saque a su herramienta un filo largo, y de tanto corte, si puede ser como el de una navaja de afeitar, y que no ignore de qué parte de la podadera se ha de servir para cada operación, pues yo he sabido que muchas personas por ignorar esto han destruido los viñedos.

Pero la figura de la podadera está dispuesta de suerte que la parte más inmediata al mango se llama *cuchillo*, por la semejanza que tiene con este instrumento; la que está encorvada, *seno*; la que baja de la curvatura, *tranchete*; la que la sigue y está engarabitada, *pico*; la que tiene por encima esta última en forma de media luna, *hacha*; y la que está inclinada hacia delante en el remate, se llama *punta*. Cada una de estas partes tiene sus funciones particulares, con tal que el viñero sepa manejar esta herramienta. Pues, cuando debe cortar alguna cosa, apoyando la mano delante de sí, se sirve del cuchillo; cuando ha de tirar, del seno; cuando alisar, del tranchete; cuando excavar, del pico; cuando dar un golpe, del hacha; cuando limpiar algún sitio de abertura estrecha, de la punta. Pero la mayor parte de esta labor que se hace en la viña debe

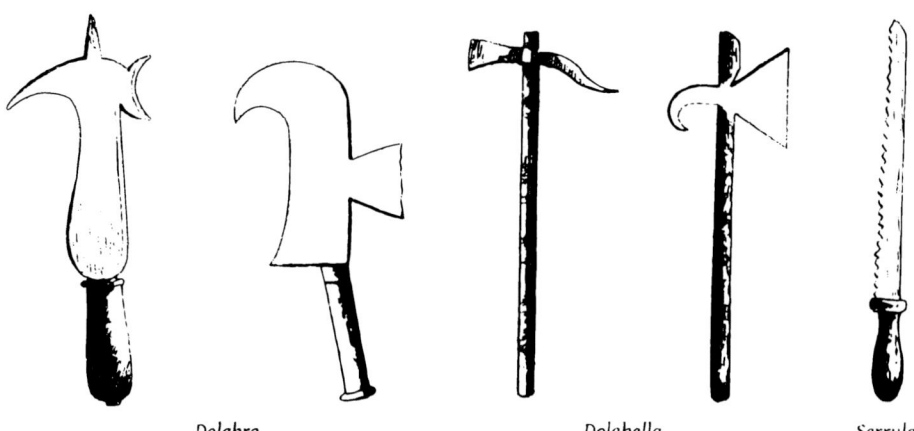

Dolabra   Dolabella   Serrula

Instrumentos de poda de los romanos (Salustiano Moraleda).

ejecutarse más bien tirando hacia sí que dando golpes, porque el corte que se hace del primer modo se alisa con una vez que pase el instrumento, pues el podador lo aplica antes y corta lo que ha determinado cortar. Pero el que da golpes a la vid, si ha errado alguno (lo que sucede muchas veces), hiere con muchas la planta. Por consiguiente, es más segura y más útil la poda que se hace (como he dicho) tirando el podador de la podadera hacia sí que la del golpe.

Gabriel Alonso de Herrera escribió su *Obra de agricultura copilada de diversos autores por mandado del muy ilustre y reverendísimo señor el cardenal de España, arzobispo de Toledo*, que consta de seis libros, siendo impresa en el año 1513 en Alcalá de Henares por el impresor Arnao Guillén de Brocar. Más tarde, en el año 1818, se vuelve a editar esta obra bajo el título *Agricultura general*, siendo adicionada (comentada) por diversos autores de la Real Sociedad Económica Matritense y presentada en cuatro tomos.

En el libro segundo del original, titulado "En que trata qué tierras, aires y sitios son buenos para las viñas, y apropia cada manera a su suerte de viñas", en su capítulo XII, "Del tiempo y arte de podar", se cita lo siguiente:

… El podador ha de tener mucho conocimiento del suelo y tierra de la viña y de qué linaje o veduño es cada cepa, y si pudiere ser que el señor de la misma heredad sea el podador será muy mejor; si no, úsela a podar uno continuamente para que sepa mejor lo que conviene a cada cepa, que mudar cada año podadores, aunque vayan bien podadas, siempre dicen que va mal, porque (como dicen) este es tu enemigo que es de tu oficio.

Ha de ser el podador de buena fuerza, porque de un golpe corte el sarmiento; porque los que a dos golpes cortan las más veces los hienden. Asimesmo traiga consigo un buen puñal para cor-

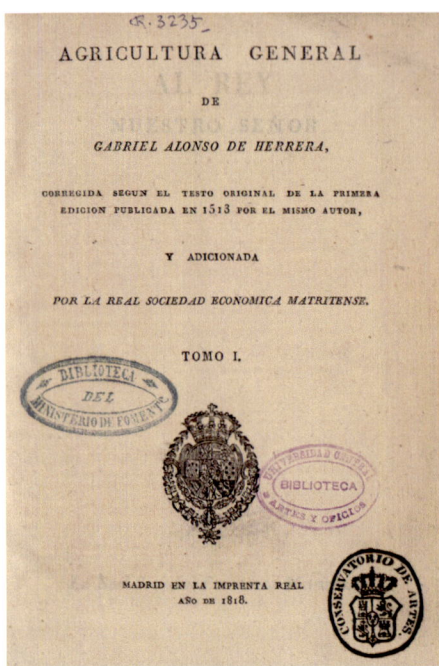

Agricultura general, de Gabriel Alonso de Herrera (1512-1818).

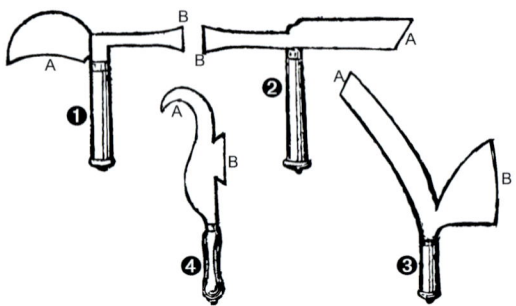

Podaderas españolas (Luis Hidalgo).
(A. Borde cortante; B. Borde más grueso):

1. Podadera manchega.
2. Podadera de la zona central.
3. Podadera del marco de Jerez.
4. Podón.

tar los resecos y brazos desvariados, que no son todas veces suficientes las podaderas para cortarlos. Traiga la podadera muy aguda, que hará doblada obra y mejor. De las podaderas usan muchas hechuras, según las maneras de las vides e usos de gentes; mas, según Columela, toda podadera tiene necesidad para ser buena de tener un corvillo para cortar raíces o barbajas, y principalmente algunos sarmientos que están en tales lugares que no los pueden cortar sino tirando hacia sí, y no de otra manera sino con mucho trabajo o daño para la vid.

Y vea el podador que desde chiquita de tal hechura en la cepa cual conviene a la naturaleza de la tierra; en lo húmedo alta recogida; en lo seco baja campera, y lo mismo en lo caliente, porque con sus brazos pueda bien cubrir del sol su fructo que no lo deseque, y onde se han de arar sean recogidas por amor de desgarrar.

Asimesmo acaece muchas veces que por querer el podador dar a la vid presto en altura que ha de llevar, la hace quedar muy delgada de pie, lo cual es muy malo; por ende conviene que poco a poco crezca, porque las que son de otra manera tienen las ramas más gordas que el pie, y son como contrechas y como personas monstruosas o como grande edificio encima de flaco cimiento, tales son de poca fuerza y tura y de poco fructo y muy presto se quiebran y las arranca el viento: y porque desde chiquita lleve buena hechura, debe procurar el señor de la viña que sea muy buen podador el que la podare los primeros cuatro o cinco años, como quien a su hijo da buen maestro o ayo; porque las vides, en especial cuando son nuevas, son muy obedientes en recebir cualquier hechura que les quisieren dar.

Asimesmo procure el podador darla tal hechura, que los brazos se partan en cinco o cuatro a manera de cruz, y nunca en menos de tres, porque igualmente cargue la vid, y con igual peso de toda parte esté sobre el pie, porque lo uno son más hermosas, más firmes y más fructíferas, que las que cargan de un cabo son muy malas y por la mayor parte suelen ser cocosas, flavas, y no se pueden bien cubrir ni del frío ni del sol, y por ende las tales se han de jarretar por abajo para que de nuevo echen algún pimpollo de onde se torne a reformar la cepa…

… Y porque acaece muchas veces que habiendo unas cepas desfrutado un año quedan muy flacas y desustanciadas, que si el año siguiente no las aprietan mucho en la poda, o enferman o se secan, es muy bueno que sepa el podador que veduños cargaron bien aquel año y cuales no, porque los unos apriete y los otros alargue.

Allende deso el podador ha de tener dos fines o intenciones en el podar, el uno del fructo, otro de la madera que ha de hacer, y hay otro de la madera que hay que quitar: y para esto la poda lo más que pudiere en lo nuevo, porque de allí produce mejor madera y fructo, quitando todo lo reseco, viejo, carcomido, hormigoso, gusaniento y lo desvariado, digo los brazos muy largos, y los retuertos y los sarmientos que nacen en los viejo si no fueren tales que dellos se espere rehacer aquella vid, como arriba dije, o sacar alguna punta a otros cabo, que algunos llaman mugrón; y ha de tener el podador este aviso, que las vides que fueren muy nuevas y las viejas quieren una poda: digo que las estrechen o aprieten, las unas porque críen y las otras porque no perezcan, pues entrambas tienen poca fuerza, y las que están en buena edad de juventud mejor pueden sufrir la carga.

Iten debe mirar que si la tierra fuere gruesa y sustanciosa o muy viciosa, en la tal algo más debe alargar la poda que no en las viñas que están en tierras flacas, ligeras y no de tanta sustancia, y más que en los cerros en los llanos, y más en los valles que en los llanos…

Las vides que tienen espesas las yemas se quieren alargar en la poda por tener más fuerza que aquellas que las tienen ralas, y las que tienen grande distancia de yema a yema por ser más desequidas tienen necesidad de una poda más estrecha. Varas se han de dejar pocas veces en vides flacas, ni nuevas ni viejas, y cuando las dejaren sean en lo desvariado de la vid, porque al año siguiente se corte la vara con el brazo desvariado en que estaba, y en cuanto pudiere cargue la vara sobre la vid porque no pudra.

Todo podador antes que se parta de la vid porque no se pudra la deje muy limpia de toda suciedad, que más valen y más desfrutan diez cepas bien podadas y bien ataviadas, que veinte corridas y ahurrugadas. Bien sé que dirán algunos que nada o poco desto aprovecha porque no se usa: a estos respondo, que ninguno mire para bien hacer a lo que se usa, sino a lo que usar se debe, que tan singulares avisos no los escribieron en balde los que por muy necesarios nos los dejaron escritos; y pues ellos van fundados sobre verdad y natural razón, es cierto grande error dejarlos de ejercitar por decir que no se usan; y si algunos no quisieren usar destos preceptos y singulares reglas, cierto soy que lo hallarán en falta de su hacienda…

… Para reponer en poco tiempo la cepa debilitada y la naturalmente débil, ningún medio hay tan eficaz no tan sencillo como apretarles la poda hasta la peluda en todos los pulgares, sin dejar a ninguno ni una yema más.

Entre las atenciones del podador experto ninguna es tan sagrada como la de escusar grades cuchilladas y todo corte inútil aunque sea chico, y la de conservar continuas las espansiones corticales, que subiendo desde el primer fundamento de la cepa tiran a revenar o cubrir las heridas o sus cicatrices. ¿Qué diremos pues de aquellos verdugos sacrílegos, llamados podadores porque llevan armado al cinto con su hoz de podar, que después de cercenar los resecos continúan degollando los derrames corticales? ¿y de los asesinos no menos impíos que dejan clavado el pero en la cabeza de pobre cepa mientras descansan o chupan su cigarro?

3.3. Épocas de poda

Hay que distinguir entre la poda normal y la condicionada por alguna anormalidad vegetativa, resultado de heladas, pedrisco, etc.

3.3.1. Poda normal en seco o de invierno

Puede, en principio, practicarse desde que se inicia la fase de reposo, es decir, cuando la cepa tiene aún hoja verde, hasta ligeramente pasada la fecha de brote.

Se comprende que una *poda anticipada*, realizada antes de que las hojas hayan enviado a los sarmientos gran parte de sus reservas, y de que estas vayan bajando hacia los brazos y el tronco, debilitará notablemente la cepa, haciendo que su brote sea tardío y menos vigoroso. El debilitamiento y retraso serán tanto mayores cuanto más se adelante la poda.

El mencionado retraso del brote no se recobra más tarde, sino que atrasa también todas las fases del ciclo vegetativo de la vid, incluso la madurez, lo que tiene gran importancia.

Esta poda anticipada puede tener alguna aplicación en climas de verano largo, con variedades de madurez precoz y muy vigorosas, cuando sean muy probables las heladas primaverales y haya que corregir un vigor excesivo en las vides. Pero en la generalidad de los casos es poco aconsejable.

La poda anormal anticipada adoptada como sistema, es decir, repetida varios años seguidos, llega a producir efectos contrarios, con brotación muy temprana, signo del debilitamiento de la planta.

La *poda retrasada*, ya iniciado el brote, tiene efectos parecidos a los ocasionados por la poda temprana. Con ella se eliminan gran cantidad de reservas, ya movilizadas por la planta y situadas en los órganos que empezaron a crecer y en sus inmediaciones, lo cual debilita y retrasa el brote de las yemas de la base de los sarmientos, que son las últimas en brotar.

El debilitamiento de la cepa es, sin embargo, menor que el ocasionado por

**Cepa vieja en vaso podada
(Sojuela, La Rioja)** (José Hidalgo).

Si fuese necesario recurrir a la poda retrasada, puede ser más conveniente efectuarla en dos veces. La poda preparatoria *(cachipoda, limpia, prepoda* o *primera poda)* tiene lugar al terminar de caer la hoja, y consiste en dejar solamente en la cepa parte de los sarmientos sobre los que se instalarán los pulgares, con seis u ocho yemas, y varas con diez o catorce, suprimiendo todo lo demás *(terciar)*. Para la segunda poda, o poda definitiva, puede aguardarse hasta que incluso broten algunas yemas delanteras de esos pulgares largos y varas con exceso de yemas, repodando entonces para dejar a la cepa con la carga correcta y definitiva que haya de llevar.

Esta manera de proceder, sin debilitar apreciablemente la planta ni implicar gastos adicionales, permite practicar a su debido tiempo los tratamientos, abonado y el laboreo temprano de la viña, además de retrasar el brote de las yemas respetadas en la segunda poda. Este retraso puede librarlas del perjuicio de las heladas primaverales en la mayoría de los casos, según indicamos con anterioridad.

En gran parte de nuestros viñedos, la poda se practica en su *época normal,* entre la caída de la hoja y la iniciación del lloro. Es la poda de los meses centrales la menos perjudicial para las reservas de la cepa, por ser en este período cuando el movimiento de las mismas es prácticamente nulo. Es, además, la época que generalmente eligen nuestros viticultores para esta labor, evitando, como es sabido y lógico, los días de las temperaturas muy bajas, en los cuales la madera está

podas muy precoces, otoñales, con la hoja verde, y el retraso en el brote de las yemas puede preservarlas de los daños de las heladas tempranas. Por idénticas razones, tiene similares efectos sobre la fecha de madurez. El debilitamiento y retraso son tanto mayores cuanto más se demore la poda y más desarrollado esté el brote.

Discretamente practicada, esta poda retrasada, con yemas hinchadas, tiene bastante aplicación cuando son de temer las heladas primaverales, e incluso sirve para retrasar el ciclo vegetativo en climas donde las viníferas cultivadas maduran con holgura, siempre que tal efecto en la madurez pueda compensarse con una vendimia igualmente tardía.

quebradiza y los cortes no resultan limpios.

Dentro de la época normal de poda, en igualdad de condiciones, la *poda temprana* retrasa el momento de la brotación, mientras que la *poda tardía* lo adelanta ligeramente. Al tener las primeras menores disponibilidades de vida activa que las segundas, la nutrición de sus distintos órganos, principalmente la madera y el fruto, será proporcionalmente inferior a la de las podadas tardíamente, lo que provoca mayor debilitamiento de la planta.

En principio, una poda temprana dentro de la época normal de poda debería inducir una menor producción que una poda tardía, ya que esta última permite que la planta acumule reservas durante más tiempo, lo que favorece una brotación más vigorosa. Sin embargo, una mayor producción también debilita la planta, por lo que los efectos de ambas podas *quedan prácticamente compensados.* Por ello, es aconsejable no empezar la poda del viñedo siempre por la misma parcela, sino alternar el orden.

Cabe señalar también que el momento de la poda en época normal no influye en el desarrollo productivo de la planta durante el año agrícola en que se realiza, pues el inicio o promesa de cosecha depende de las condiciones de vegetación del año anterior a la poda.

Lucio Junio Moderato Columela, en su obra *De re rustica* o *Los doce libros de agricultura*, en el capítulo XXIII del libro cuarto, titulado "Cómo se han de podar las viñas", expone lo siguiente sobre la época de poda en invierno:

Ahora, supuesto que parece que hemos hablado poco de la poda de las viñas, vamos a tratar con más cuidado de esta labor, que es la parte más necesaria de todas las que nos proponemos dar a las viñas. Somos, pues, de sentir que, si en el país donde cultivamos lo permite la benigna y moderada suavidad del clima, se comience la poda después de haber hecho la vendimia, hacia los idus de octubre (15 de octubre), con tal, sin embargo, de que hayan precedido las lluvias del equinoccio y los sarmientos hayan adquirido la madurez regular. Pero, si una temperatura fría y con heladas anuncia un invierno rigoroso, diferiremos esta labor hasta los idus de febrero (13 de febrero), y esto se podrá hacer si la posesión fuere de poca cabida; pues donde la extensión de nuestra hacienda nos niega la elección del tiempo convendrá podar la parte más vigorosa de la viña durante los fríos, la más endeble en la primavera u otoño, y también las vides expuestas al sur en el solsticio de invierno; las que lo están al alquilón (viñas en alquiler) por la primavera y otoño. Y no hay duda de que es tal la naturaleza de estos arbustos que, cuanto más temprano se hayan podado, dan más madera, y, cuanto más tarde, más fruto.

Gabriel Alonso de Herrera, en su *Obra de agricultura copilada de diversos autores por mandado del muy ilustre y reverendísimo señor el cardenal de España, arzobispo de Toledo*, en el libro segundo del original, titulado "En que trata qué tierras, aires y sitios son buenos para las viñas, y apropia cada manera a su suerte de viñas", en su capítulo XII, "Del tiempo y arte de podar", se refiere a las épocas de poda en los siguientes términos:

> … Asimismo para bien podar aprovecha que hayan puesto la viña como arriba dije distinta cada veduño por sí, porque al tiempo de podar sepan conocer qué veduño es, que de otra manera pocas personas conocerán de qué linaje es la cepa, y estando cada uno por sí y sabiendo cuál es, sabrá qué poda le ha de dar; y aun no quieren ser todos los veduños en un tiempo podados, que unos quieren más temprano que otros según el tiempo de brotar de cada uno de ellos; que los que brotan temprano, como son las uvas delicadas, como albillas, castellanas e otras semejantes, quieren el podo más temprano que las que abotonan más tarde, como son uvas más gruesas, jaenes, palominas.

3.3.2. Casos excepcionales

Son aquellos en los que el viñedo ha sufrido una enfermedad o un accidente meteorológico, y se debe actuar en consecuencia con los trabajos de poda.

A) *Viñas que han sufrido heladas*

La fecha de la helada, su intensidad y la situación de la cepa o parte de ella dentro de una viña plantean un sinnúmero de casos particulares que el podador, teniendo en cuenta cuanto se ha dicho, deberá resolver.

Si la helada fue muy temprana, apenas iniciada la brotación, con escasos centímetros de desarrollo y yemas todavía no brotadas, y afectó a la totalidad de

Viña en vaso helada (José Hidalgo).

aquellos, poco cabe hacer, excepto esperar a que broten las yemas que todavía no lo han hecho, incluidas las basilares y las de la madera vieja.

Si la helada fue más tardía, como norma general se repodará por encima de la última yema que respetó la helada; en los pulgares, corrientemente por encima de las casqueras, únicas que no habrán iniciado el brote. Por supuesto, si la helada fue intensa y afectó a las yemas o brotes de las sacas o varas que se dejan para obtener producción, estas sobran y deben suprimirse, aunque algún cono secundario pudiera llevar algún racimillo. El objetivo principal de este modo de proceder es obtener brotes en la base del pulgar y concentrar por el momento en estos pocos brotes todo el vigor del brazo. Más tarde, con la operación en verde del espergurado o desbrotado —que es todavía más indispensable que en los casos ordinarios sin heladas—, se procurará vigorizar aquellos brotes que se utilizarán en la poda venidera mediante la eliminación de todas las esperguras inútiles. Si se descuida este desbrotado o se hace de manera incorrecta, el viticultor se encontrará, al realizar esa poda venidera, con gran cantidad de sarmientos de poco vigor individual. Estos, aun situados en posición conveniente, por su poco vigor darán pulgares débiles con yemas poco fructíferas.

Cuando la helada sobrevino tarde y de modo poco intenso, afectando a las regiones medias y extremas de los pámpanos, estos se rebajarán a tijera, hasta que el corte aparezca bien verde y sin pardear, para que este brote y los nietos finales y sanos continúen el crecimiento, y quizá algún racimo llegue a madurar.

B) Viñas que han sufrido pedriscos

Las viñas que han sufrido pedriscos pierden la cosecha del año, formada por los racimos de flores y frutos existentes, según su estado de desarrollo, además queda comprometida la del año siguiente, que debe establecerse en yemas también posiblemente dañadas. Ante esta

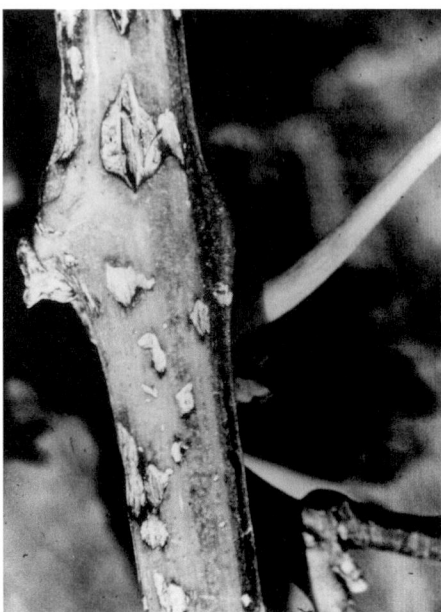

Lesiones en un pámpano por granizo (Luis Hidalgo).

situación, la poda debe orientarse a lograr una nueva brotación. Esta puede dar lugar a una pequeña cosecha, pero el objetivo fundamental es conseguir yemas de poda bien conformadas para asegurar una buena brotación y cosecha para el año siguiente.

Si la granizada fue temprana, antes de florecer, e intensa, se deben podar sin demora los pámpanos perjudicados, a pocos centímetros de su inserción: después se espergurará cuidadosamente una o dos veces para conseguir madera apropiada para la poda siguiente y poder recolectar algo de uva. Las yemas de los nuevos brotes tendrán tiempo suficiente para conformarse perfectamente, lo que asegura la producción del año siguiente tras una poda prudente de los sarmientos, que debe ser restrictiva debido al debilitamiento que causa el pedrisco.

En el caso de granizadas tardías, entendiendo por tales las que se producen después de los veinte o treinta días que siguen a la floración, poco o nada puede hacer el viticultor, pues el período vegetativo restante es demasiado corto para permitir la maduración.

Como caso intermedio cabe considerar los pedriscos que se producen desde la floración hasta veinte días o un mes más tarde. El acierto de la poda en estas circunstancias depende fundamentalmente de que la otoñada transcurra con prolongadas buenas temperaturas o si, por el contrario, los fríos se presentan de manera temprana. En el primer caso habrá tiempo suficiente para que las yemas de los nuevos brotes se conformen perfectamente, mientras que en el segundo no ocurrirá así.

3.4. Determinación de la carga

Consideramos conveniente insistir y ampliar algunos extremos ya esbozados en apartados anteriores sobre la *carga* y la *muestra*, puntos capitales, sobre los que el viticultor actúa al podar y de los que depende esencialmente la producción de la viña explotada, así como el equilibrio que debe existir entre cosecha, peso de sarmientos y calidad del fruto.

La carga está representada, como ya se dijo en los dos primeros principios generales de poda, por el número de yemas fértiles respetadas al podar. Asimismo se mencionó que no todas ellas tienen igual fertilidad, de modo que también debe advertirse esta importante circunstancia para tener una idea precisa de la cuantía de la carga.

A cada carga corresponde, al brotar la vid, un determinado número de racimillos de flor que llamamos *muestra*, promesa —salvo accidentes, corrimiento y enfermedades— de la futura cosecha de uva.

Pero resulta común observar que, para una misma cepa, dentro de un período de su vida, la misma carga no produce igual muestra todos los años; las expresiones corrientes de "este año es de poca, regular o mucha muestra" reflejan exactamente esta realidad.

Sabemos que la formación de los racimos de flor (primordiales) tiene lugar en los conos vegetativos respectivos durante la vegetación anterior. Las condiciones de todo orden reinantes durante esa fase condicionan la abundancia de la muestra. También se ha observado que las mejores circunstancias en esta época, las que provocan muestra más abundante al año siguiente, son las que determinan un peso total de sarmientos *óptimo*, es decir, un vigor ajustado de la cepa: *bueno, pero no exagerado*.

Las causas que se oponen a tal grado de vigor, que originan el empobrecimiento y producen poca muestra al año siguiente, son, principalmente, la desigualdad del crecimiento en primaveras con temperaturas irregulares; las sequías pronunciadas de verano; las cosechas exageradas que restan gran cantidad de reservas a los sarmientos; los ataques intensos de criptógamas a la hoja, y los pedriscos fuertes.

Es decir, si todos los años tuvieran iguales circunstancias climatológicas durante el período de formación y perfección de racimillos en los mencionados conos vegetativos, podría asignarse a cada cepa (o a las de una viña) una carga determinada y fija, acorde con su modo de ser, marco de plantación, portainjerto y cultivo, para obtener en la vegetación siguiente una muestra, si no igual, muy parecida a la del año anterior. Pero, como esas condiciones varían de un año a otro, se comprende que, aun estableciendo una *carga base*, esta varíe anualmente debido a las circunstancias cambiantes que determinan la muestra.

El conocimiento de lo expuesto anteriormente nos permite pasar a determinar en la práctica la carga de una cepa adulta, esto es, dotada de forma y en producción.

Supondremos que se trata de una cepa ya formada, que consta de un tronco y cierto número de brazos de mayor o menor longitud, y cuya poda anterior y vegetación del año han dado un determinado número de sarmientos, más o menos largos y gruesos.

Damos por descontado que tal cepa se ha formado según las instrucciones que se darán más adelante, y que presenta su tronco y brazos en posiciones que, si no perfectas, son aceptables para conservar su forma, sin entorpecer las operaciones de cultivo, y preservar, en lo posible, la planta de accidentes y enfermedades.

La primera cuestión que se le plantea al podador es fijar la carga que va a llevar la cepa. Esto es de capital importancia, porque de ella dependerán la muestra y, más tarde, la cosecha.

Sin olvidar lo prescrito en las normas expuestas, el podador debe conocer las circunstancias favorables o desfavorables que presidieron la vegetación anterior y saber, aproximadamente, la cosecha que dio. Pero, aun sin conocer esos elementos de juicio, tiene ante sí una imagen de lo ocurrido en esa vegetación: el número y grosor de los sarmientos que lleva la cepa. Si dicho número es similar al del pasado año, comparará su calibre con el que tuvieron los de la vegetación anterior, como el grueso de los pulgares o varas viejas; de esta comparación —que es una manera somera de apreciar el grado de vigor— deducirá si hay ganancia (sarmientos más gruesos), pérdida (más delgados) o estancamiento (igual de gruesos). Esto indica que la cepa gana vigor, se debilita o se mantiene estable.

Lo dicho sobre el vigor de los brotes o sarmientos que nacen de pulgares y varas se aplica a las esperguras y chupones. Si el podador tiene buena memoria, recordará si se suprimieron muchos o pocos de estos al practicar la operación correspondiente (espergurado). El número y la fortaleza de las esperguras son también índice de vigor. Observará si todas las yemas francas brotaron, incluidas las de las sacas o varas (si las hubiera), y si también brotaron las casqueras o ciegas. Todo ello indica vigor, y lo contrario, su ausencia.

Cuando el vigor de la cepa crece, se puede aumentar la carga, pero este aumento no debe ser exagerado, sino más bien acompasado, porque las exageraciones pueden tener malas consecuencias y ocasionar a veces verdaderos desfallecimientos que perduran varios años.

En este sentido, y como referencia, citamos —a falta de experiencia en nuestro país— las experiencias realizadas en Francia con una vinífera típica del lugar: la *Aramón*. Un aumento de dos racimos provocó una disminución de 35 gramos en el peso de los sarmientos de una cepa de vigor medio; con cinco racimos, la disminución fue de 88 gramos; y con diez, de 126 gramos, merma que indica un debilitamiento considerable. Hablamos de número de racimos porque es perfectamente correlativo con el de yemas de producción.

Si el vigor se debilita, habrá que disminuir la carga; si permanece estacionario, será prudente conservar el mismo número de yemas. Ahora bien, si en este último caso la cosecha no fue satisfactoria en circunstancias normales durante el ciclo anterior (sobre todo si se registra una pérdida de vigor), entonces conviene aumentar ese vigor mediante labores y abonados esmerados, riegos e incluso la supresión de algunos racimos en la vegetación siguiente, lo que permitirá en años sucesivos mantener la carga, e incluso aumentarla si no hubiera temor de perder calidad.

Todo lo anterior puede realizarlo un podador que ha podado una viña durante años consecutivos, que es lo deseable.

El viticultor que por primera vez poda una viña y busca fijar una *carga de tanteo* para una cepa puede seguir sin cometer grandes errores la regla empírica de *conservar tantas yemas francas como sarmientos de todo orden u origen, de al menos un metro de largo, lleve tal cepa.* En años sucesivos se atenderá a lo expuesto para el podador con alguna experiencia.

3.5. Elección de sarmientos

La segunda cuestión sometida al buen juicio del podador es la elección de los sarmientos que han de constituir la armazón de la cepa, tronco y brazos, así como la de pulgares y varas, o ambas cosas a la vez, es decir, qué sarmientos debe elegir para llevar las yemas que constituirán la carga.

3.5.1. Destinados para pulgares y varas

La elección depende fundamentalmente del sistema de conducción y poda adoptado; dentro de este, se hará de modo que mantenga la forma con las menores desviaciones posibles.

En el caso de *conducción en vaso* con mayor o menor número de brazos, los criterios son los siguientes:

1. Porte de la vinífera: en general, con variedades de porte erguido y sarmientos casi verticales, se buscarán aquellos que tiendan a abrir más o menos la cepa, en consonancia con el clima; en las

de porte más bien achaparrado se buscarán, por el contrario, los que la levanten, ya que, al mantener la tendencia horizontal, se pueden dificultar las labores o provocarse roturas.

2. En climas de veranos secos y calurosos se procurará, mediante esta elección, cerrar o recoger la disposición general para evitar desecaciones.

3. En zonas con veranos más bien frescos y húmedos, se tenderá a abrir o extender la vegetación, siempre en grado compatible con la mencionada facilidad para labrar la viña.

4. No utilizar esperguras, salvo en casos excepcionales —heladas, pedrisco, modificaciones por vejez y otras causas—, pues se sabe que generalmente son infértiles, excepto cuando se necesiten para renovar un brazo o un cordón de la cepa.

5. Seleccionar los sarmientos de vigor medio, ya que los muy gruesos tienen yemas poco fructíferas; los muy débiles, aunque en algunos casos las tengan, darán brotes poco vigorosos, incapaces de nutrir adecuadamente sus frutos.

6. Fijarse en el arranque del nuevo pulgar, a fin de que tenga un origen o emplazamiento firme. Los sarmientos pegadizos deben desecharse.

7. Procurar que todos los brazos lleven pulgares de grosor similar, lo que indica que el vigor de la cepa se ha repartido de modo conveniente. Para este fin resulta ideal la descomposición de la cepa en sus elementos simples.

8. Si se hubiera dejado en algún brazo una vara o saca, por permitirlo el vigor de la cepa y del brazo respectivo, procurar no repetir esta práctica en el mismo brazo al año siguiente, llevando la saca a otro si las circunstancias de vigor persisten.

9. Debe tenerse presente todo lo expuesto en las normas que rigen la operación. Insistimos en que, salvo casos excepcionales, deberán elegirse los sarmientos que cumplan las condiciones señaladas, es decir, el más cercano por su inserción al brazo correspondiente, para no producir heridas o lesiones por debajo del pulgar por las consecuencias —ya especificadas— que apresuran la vejez de la cepa.

En las *conducciones en cordón* se seguirán las normas apuntadas, excepto las propias y específicas de la conducción en vaso.

3.5.2. Destinados para troncos y brazos

Sabemos que en todo sarmiento asentado sobre otro, los primeros entrenudos de la base son los más cortos y presentan más regiones con diafragma de gran resistencia, ya que el entrenudo —ocupado en gran parte por la médula— es la porción más débil. Los troncos y brazos formados con estas porciones de la base de sarmientos resultarán más rígidos y menos expuestos a roturas y a inclinarse. Esta rigidez se consigue evitando precipitarse durante la formación de la cepa.

En numerosas ocasiones es necesario rehacer uno o varios brazos o cordones debido al alargamiento exagerado, la mala dirección —que impide la buena ejecución de las labores o provoca roturas—, o los daños por hielos y pedriscos fuertes. En este caso no hay más remedio que recurrir a un brote de yema dormida o espergura, bien vigoroso y adecuadamente situado, para efectuar la sustitución del brazo o cordón defectuoso o que falta. La supresión del brazo o cordón inútil deberá llevarse a cabo con las precauciones que se detallarán más adelante, aplicando al renuevo todo lo expuesto.

Estas operaciones de rebaje y sustitución deben realizarse lo menos posible. Más vale sacrificar la estética antes que incurrir en los riesgos que tales operaciones pueden acarrear a la planta o a parte de ella.

3.6. Ejecución de los cortes

El podador debe disponer de tijeras o podaderas bien afiladas y poseer la destreza suficiente para que los cortes resulten limpios y lisos. La hoja cortante de las tijeras deslizarse sobre el gavilán sin huelgos. Procurará realizar los cortes de forma que las secciones sean lo más reducidas posible, no a ras del punto de

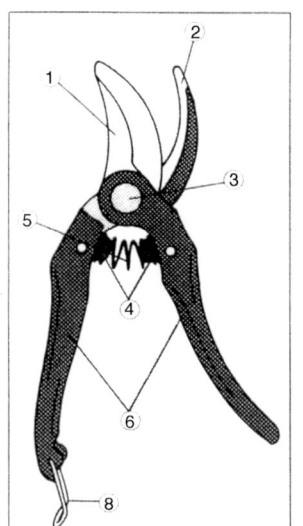
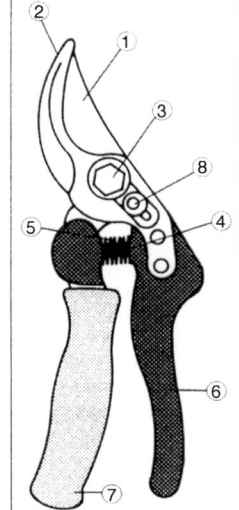

1. Hoja de corte.
2. Gavilán.
3. Eje.
4. Amortiguador.
5. Resorte.
6. Brazos.
7. Puño pivotante.
8. Cierre.

Tijeras de poda manuales (Sandvik).

inserción, sino dejando un pequeño to-cón que se irá reduciendo en años sucesivos.

Al tomar la tijera de podar con la mano, el gavilán debe quedar por debajo y la hoja cortante por arriba. Esta hoja cortante, vista lateralmente, tiene forma de segmento circular para que el corte sea progresivo, y su sección es triangular, situándose el filo de corte en su parte más estrecha. Tanto el gavilán como una cara de la hoja cortante, se encuentran en un mismo plano vertical según la línea longitudinal de la tijera y, al accionar esta, se desliza una superficie sobre la otra produciendo el corte. La superficie de la otra cara de la hoja cortante corresponde a otro plano, que también pasa por la línea longitudinal de la tijera, pero inclinado respecto del anterior, como corresponde a la sección triangular de la hoja de corte.

A ser posible, las heridas causadas por debajo del origen de los pulgares de-ben quedar del mismo lado del brazo para obstaculizar al mínimo la circulación de savia.

Existen *tijeras manuales* de una mano y de dos manos, y *tijeras mecánicas* eléctricas e hidráulicas; estas últimas disminuyen la fatiga de los podadores y mejoran su rendimiento. Se fabrican con bocas de diferente amplitud, según el diámetro de los cortes que hay que realizar.

Las tijeras mecánicas pueden ser de corte instantáneo o progresivo, con accionamiento autónomo por baterías recargables que el podador lleva a la cintura o en la espalda, o mediante mangueras flexibles conectadas a un grupo de presión. Este puede funcionar de manera autónoma o ser accionado por la toma de fuerza del tractor al que va acoplado.

3.6.1. Sobre sarmientos

Si la longitud de los entrenudos no es exagerada, el corte se practicará por el

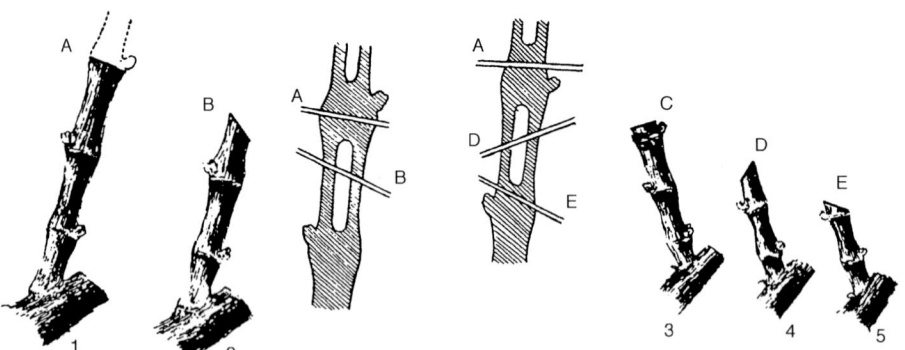

Cortes de poda en sarmientos; 1 y 2. Correctos; *A)* Sección por el nudo superior correcta; *B)* Sección por el entrenudo con inclinación correcta; 3, 4 y 5. Incorrectos; *C)* Sección con una yema de más; *D)* Sección por entrenudo con inclinación contraria; *E)* Sección demasiado cerca de la última yema (Luis Hidalgo).

Poda correcta en pulgares con mucho sarmiento por encima de la última yema (José Hidalgo).

Poda incorrecta en pulgar con yema ahogada por lloro de la vid (José Hidalgo).

nudo superior a la última yema respetada; el diafragma constituye una barrera para la penetración de humedades y microorganismos, que pueden producir alteraciones. Cuando los entrenudos son muy largos, el corte puede efectuarse en el entrenudo, a unos 3 cm de la yema respetada y con inclinación opuesta a esta. De lo contrario, el agua de lluvia y el lloro, al acumularse sobre esa última yema, pueden agravar el peligro de helada, dañando o "ahogando" la yema.

Cuando se trate de suprimir alguna espergura o chupón, ya convertido en sarmiento, que pudo escapar a la operación en verde, se efectuará un corte limpio en su inserción, cerca de la madera del brazo o tronco pero sin dañarla, con la hoja cortante orientada hacia la madera vieja.

En todos los cortes de la poda manual hay que procurar sujetar firmemente la tijera, ya sea de una o dos manos. En la de una mano, el vástago de la hoja cortante —que es el que se mueve— se acciona con los dedos, mientras que el del gavilán —que permanece fijo— se apoya sobre la palma de la mano. En la tijera de dos manos, normalmente el brazo y la mano izquierda actúan sobre la hoja cortante, y la derecha, sobre el gavilán.

En las tijeras mecánicas, la hoja cortante se acciona presionando un gatillo, mientras el gavilán permanece fijo al cuerpo de la herramienta.

Al podar, el gavilán debe colocarse del lado de la rama que se elimina, no del lado que se conserva, para evitar dañar la madera que permanece en la planta. La hoja cortante del lado respetado

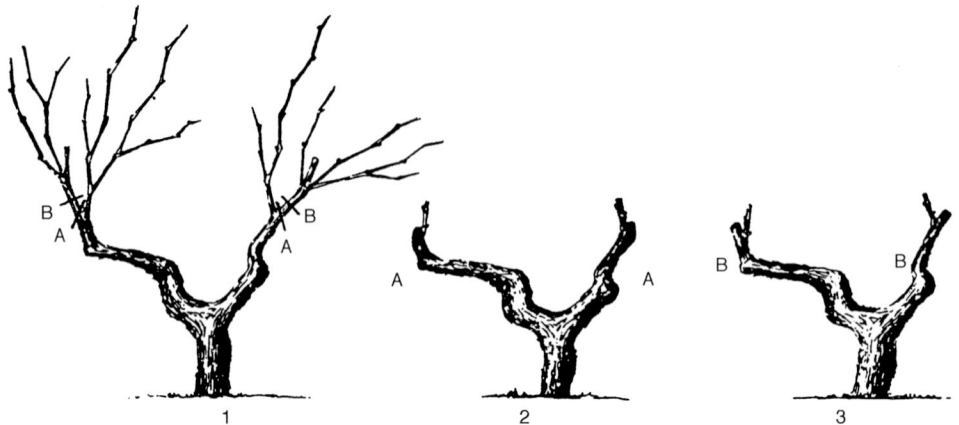

Ejecución de los cortes de poda en madera de un año: **A)** Cortes defectuosos por las grandes dimensiones de las heridas y su proximidad a los pulgares respetados; **B)** Cortes correctos (Luis Hidalgo).

tiene una superficie inclinada respecto del lado de corte, lo que producirá en la madera respetada una compresión momentánea, que en poco tiempo se recupera, resultando un corte limpio y perfectamente liso.

El podador procurará efectuar los cortes de una sola vez, evitando "apalancar", para lo cual "meterá" la tijera lo necesario, con el fin de abarcar bien el sarmiento.

Para prevenir roturas evitará "vencer" demasiado la parte que va a eliminar y de ese modo facilitar el corte.

3.6.2. Sobre madera de más de un año (brazos y tronco)

Debe dejarse siempre un tocón que contenga el *cono de desecación*, cuyo bisel mire al lado opuesto del órgano que prolonga el brazo. La longitud de este tocón será

Supresión de esperguras o brotes inútiles; 1. Correcto; 2. Incorrecto (Luis Hidalgo).

igual al diámetro de la sección y podrá rebajarse poco a poco en años sucesivos.

Cuando se trate de rebajar un brazo cuyo corte implique una sección considerable, se recurrirá a la sierra, refrescan-

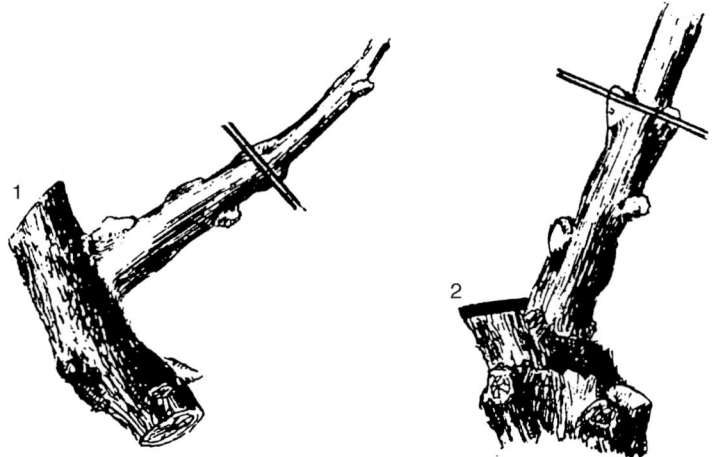

Cortes sobre madera de dos años (Luis Hidalgo): **1.** Corte correcto; **2.** Corte incorrecto.

do la herida, que queda granulada, con una navaja curva (serpeta) bien afilada hasta dejarla perfectamente lisa.

Gabriel Alonso de Herrera, en su *Obra de agricultura copilada de diversos autores por mandado del muy ilustre y reverendísimo señor el cardenal de España, arzobispo de Toledo*, en el libro segundo del original, titulado "En que trata qué tierras, aires y sitios son buenos para las viñas, y apropia cada manera a su suerte de viñas", en su capítulo XII, "Del tiempo y arte de podar", se refiere a la ejecución de los cortes en los siguiente términos:

… Traiga el podador como dije la podadera muy delgada y aguda, porque sea la cortadura más lisa, y al tiempo de cortar apriete mucho el sarmiento con los dedos porque no hienda, que si así no lo hace pocos cortará sin que hienda, y dáñanse mucho porque nunca sueldan, y por allí les entra frío y calor y viento. Y tenga la consideración que si la viña es-

tuviere en tierras frías, haga la cortadura hacia mediodía, porque por allí no se hiele; y si en muy calientes hacia el cierzo, porque el demasiado sol no les haga por allí daño; y si fuere en tierras templadas entre caliente y frío, pueden hacer la tal cortadura hacia donde quisieren, aunque lo mejor es que en tales vaya hacia el sol.

Asimesmo porque aquella agua que corre podándose a la primavera va a dar en alguna yema la quema y daña mucho, de onde viene que por allí no puede echar recia madera, debe el que poda volver la cortadura hacia otro cabo de onde está la yema más cercana, y debe cortar el sarmiento o por el nudo, o al menos nunca por más cerca de por la mitad del cañuto. El corte por el nudo es más fácil por ser como coyuntura, y aun por ser lejos de la yema es mejor, y no sea la cortadura hacia arriba, porque se revoca el agua por el sarmiento abajo y escalda las yemas. Es muy bueno que la cortadura vaya hacia abajo…

… El corte de los pulgares irá sesgado o en pico de flauta como en las plumas de escribir, a tres o cuatro dedos por cima la yema u ojo más alto que se intenta conservar, raspando con la podadera o con los dedos si el cañuto no alcanza a dicha longitud la yema o yemas que queden dentro de ella.

3.7. Poda de respeto

La mayor parte de las enfermedades de la madera producidas por hongos tienen su origen en la penetración de estos por las heridas de poda, por lo que en este apartado haremos mención de la denominada *poda de respeto,* hoy día muy en boga, pero que lleva ya muchísimos años siendo practicada por los buenos viticultores. Este concepto y sus operaciones aparecen desde hace mucho tiempo en los manuales y libros de poda, tal y como exponemos más adelante.

3.7.1. Manejo de los flujos de savia

La *poda de respeto* tiene como fundamento principal respetar los denominados *flujos de savia* en la madera de más de un año. Estos flujos conectan el sistema radicular con la parte aérea de la planta a través de los vasos conductores leñosos *(xilema),* por donde asciende la savia bruta, y en sentido contrario, desde las hojas situadas en los pámpanos hacia las raíces a través de los vasos liberianos *(floema),* por donde desciende la savia elaborada.

El flujo de savia bruta transporta el agua y los nutrientes o compuestos minerales del suelo, captados por las raíces, hasta los órganos verdes de la planta, principalmente las hojas, donde se realiza la fotosíntesis y se sintetizan los compuestos orgánicos, principalmente hidratos de carbono. La savia elaborada transporta estos compuestos en sentido descendente hacia los racimos, madera y raíces (órganos de acumulación), o ascendente hacia los extremos de los pámpanos en desarrollo (órganos de crecimiento) para nutrir los tejidos vegetales verdes, acumularse en las bayas de los racimos de uva —donde se transforman localmente en múltiples compuestos (azúcares, ácidos orgánicos, polifenoles, aromas, polisacáridos, proteínas, etc.)—, y almacenarse en la madera y las raíces como sustancias de reserva que aseguran la pervivencia de la planta y posibilitan la brotación del siguiente año.

En los elementos formados el año anterior, como pulgares o varas dejados en las operaciones de poda, así como en los órganos desarrollados durante el año, la circulación de las savias nunca presenta dificultades, salvo cuando se ha producido algún daño externo por accidente —como impactos de granizo o daños mecánicos de aperos de cultivo—, que puede dificultar de forma severa la circulación de ambas savias.

Sin embargo, en el resto de órganos de las vides, como la madera de más de un año, las sucesivas operaciones de poda producen interrupciones en los vasos conductores de las savias, debido precisa-

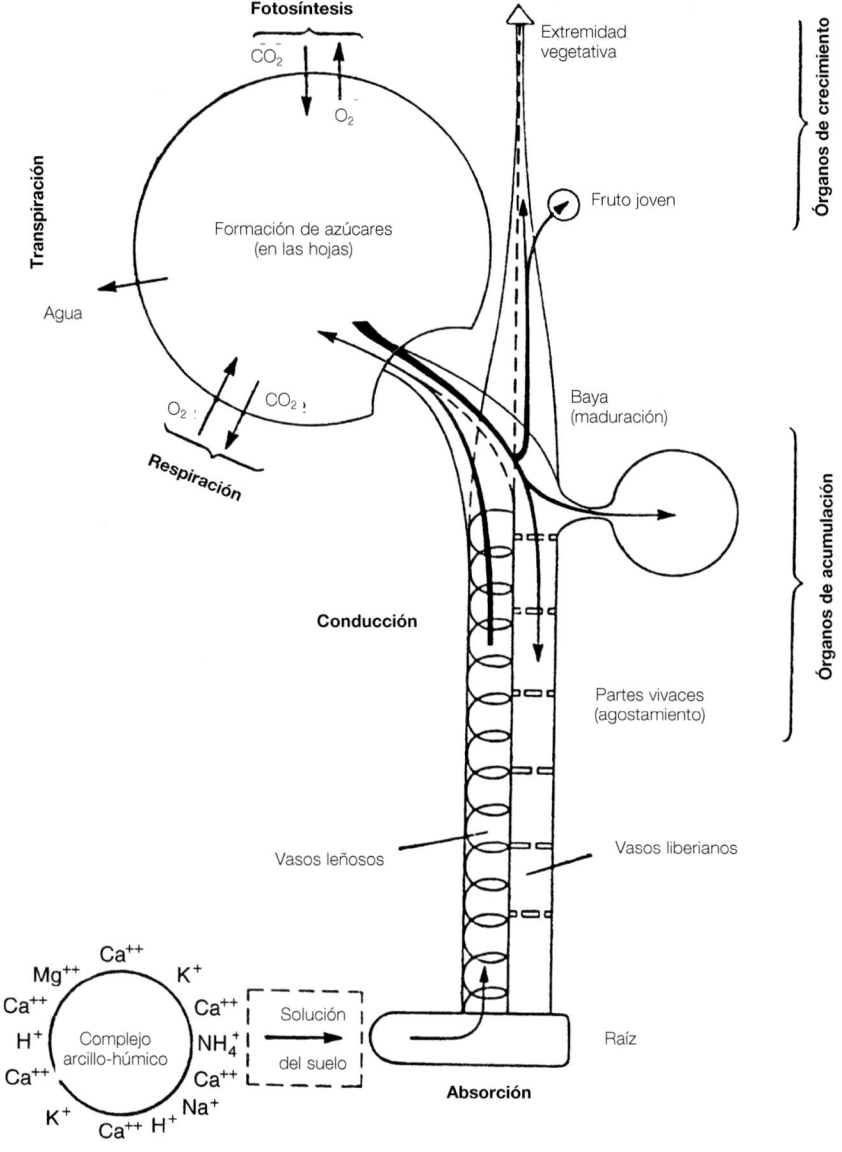

Absorción por las raíces; migración de savia bruta; fotosíntesis, respiración y transpiración por las hojas; migración de la savia elaborada por las hojas primero hacia los órganos en crecimiento y después hacia los órganos de acumulación.

Fisiología de los órganos de la vid. Flujos de savia bruta y elaborada (A. Reynier).

mente a la necrosis de tejidos ocasionada por la misma poda. Estas interrupciones dificultan la circulación, lo que envejece prematuramente las vides e incluso puede provocar, en casos extremos, la muerte de la planta.

Para evitar este grave inconveniente, las operaciones de poda deben realizarse de forma juiciosa y ordenada desde la formación de las vides en la plantación. Como resulta imposible evitar las cicatrices y las consiguientes necrosis de los tejidos adyacentes ocasionadas por la poda, debe establecerse un *circuito de circulación preferencial de las savias,* por donde puedan circular sin dificultad la savia bruta ascendente y la savia elaborada de retorno.

Este circuito preferencial de circulación de savias debe conectar directamente, y con las menores interrupciones posibles, el sistema radicular, pasar por la zona del injerto (si existiera), atravesar la madera vieja por tronco y brazos, y terminar en la madera podada el año anterior para alcanzar los órganos verdes desarrollados en el año. Desde antiguo, los buenos viticultores han sabido interpretar esta circunstancia y la practican de forma habitual en sus viñedos. Como ejemplo, en una zona de cultivo ancestral, la denominación de origen protegida Jerez-Xérès-Sherry y Manzanilla-Sanlúcar de Barrameda, practican un peculiar sistema de poda mixto de vara y pulgar distinto al Guyot. Saben, desde muy antiguo, dejar un circuito de savia preferencial que denominan *carrera o camino de los verdes*, en contraposición al otro circuito formado por las cicatrices

de poda al que llaman *carrera o camino de los secos.* Con este mismo criterio deben podarse las cepas con los otros sistemas de conducción: vasos y espalderas.

En la literatura antigua, la *carrera o camino de los verdes* se denominaba *cuesta o vena de los verdes*, mientras que la *carrera o camino de los secos* se nombraba con una expresión más gráfica y contundente: el *lado de la muerte.*

En las operaciones de poda anual, el criterio general que debe regir para mantener el circuito preferencial de circulación de las savias *(carrera o camino de los verdes)* es respetar la yema más baja y mejor orientada, para poder podar del mismo modo sobre su sarmiento al año siguiente. De este modo, pierde importancia el otro criterio de respetar la yema más baja sin importar su orientación, que busca evitar el alargamiento excesivo de la madera vieja con el paso de tiempo. Esto significa que, en las podas de respeto, resulta frecuente que los órganos de madera vieja sean más largos de lo normal.

3.7.2. Ejecución de los cortes

El segundo principio fundamental de la poda de respeto es la *manera de realizar los cortes* en las operaciones de poda tanto en la madera de un año como en las maderas más viejas de las cepas. Nunca se debe apurar el corte por motivos estéticos, ya que toda herida en la madera genera una zona necrosada de tejidos muertos denominada *cono de desecación* (el agrónomo Juan Marcilla Arrazola denomina *reseco* a esta zona), elemento que

Flujos de savia en un brazo (José Hidalgo).

Rojo: carrera o camino de los secos. Verde: carrera o caminos de los verdes.

Flujos de savia en un brazo en una cepa de Jerez (José Hidalgo).

Rojo: carrera o camino de los secos.
Verde: carrera o caminos de los verdes.

Viña en vaso centenaria de *Viura* (Martínez Lacuesta).
Obsérvese la carrera o camino de los secos en los brazos (José Hidalgo).

dificulta o impide la circulación de las savias y constituye la principal vía de penetración de las enfermedades fúngicas de la madera en los viñedos.

Por el contrario, se debe dejar una *zona de resguardo* que contenga en su interior el cono de desecación para que no afecte la circulación de las savias; años más tarde se podrá rebajar, si se desea, por razones estéticas, cuando los tejidos hayan cicatrizado debidamente. Este principio se expone también desde hace muchos años en todos los manuales y libros dedicados a la poda de la vid. La zona de resguardo deberá tener una altura igual o, preferiblemente, superior al diámetro del corte realizado en la madera.

La formación de estos *conos de desecación* responde a un mecanismo defensivo que desarrolla la planta contra la penetración de agentes patógenos exteriores, como las enfermedades fúngicas de la madera, mediante la creación de una barrera de madera muerta que dificulta la penetración del organismo patógeno. Cuando se realiza el corte, en primer lugar, los vasos conductores de savia se obturan formado tílides (excrecencias que forman las propias células de los tejidos vasculares dentro de los vasos conductores), lo que provoca el secado de esa zona de la madera. Posteriormente, el almidón de las células se transforma en sustancias protectoras contra la agresión de posibles organismos patógenos, denominadas *fitoalexinas*, como los polifenoles, estilbenos, terpenos, etc.

Todo esto sucede cuando la herida recién abierta cicatriza normalmente, sin que se instale una espora de algún hongo patógeno que afecte a la madera. Si el hongo se instala, no da tiempo al sellado natural y aparecen las temidas *enfermedades fúngicas de la madera*, descritas en el capítulo 6, "Enfermedades fúngicas de

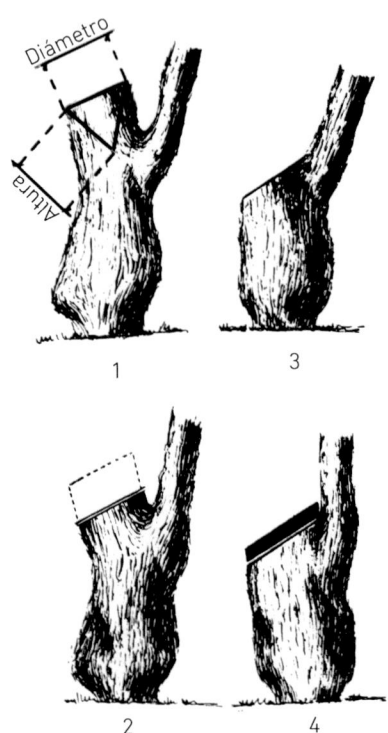

Cortes y rebajes en troncos y brazos importantes:

1-2: Buen corte que permite rebaje en años sucesivos.
3-4: Corte demasiado apurado en el que la desecación puede comprometer la vida de la parte respetada.
Cono de desecación: diámetro = altura

(M. Martínez-Zaporta y L. Hidalgo, *Poda de la vid*, 1955).

la madera en el viñedo". Por este motivo, siempre que se realiza un corte importante en madera vieja, de más de 1 a 2 cm de diámetro, debe protegerse de inmediato con una pintura o mastic especial o un tratamiento antifúngico específico que ayude a la cicatrización, minimice la formación de conos de desecación e impida la penetración de hongos patógenos a través de la herida recién abierta.

3.7.3. Notas históricas

Gabriel Alonso de Herrera, en su *Obra de agricultura copilada de diversos autores por mandado del muy ilustre y reverendísimo señor el cardenal de España, arzobispo de Toledo*, en el libro segundo del original, titulado "En que trata qué tierras, aires y sitios son buenos para las viñas, y apropia cada manera a su suerte de viñas", en su capítulo XII, "Del tiempo y arte de podar", incluye en la edición de 1818 la siguiente adición sobre el respeto de los flujos de las savias:

> … Conservando el sarmiento guía, es decir, formando siempre de la *yema más baja que esté bien puesta y mire afuera*, se consigue en la cepas este objeto esencialísimo y otros igualmente atendibles de que nos ocuparemos al instante.
>
> … Vemos que la cangrena de los vasos cortados empieza por la extremidad superior restante y sigue progresivamente en toda su longitud hasta la raíz, contagiando de paso las partes sanas con que toca tanto más rápidamente cuanto la herida fue más considerable o más grueso el miembro que la sufrió y cuanto

menos resguardados estén del sol y las lluvias, los vichos y demás agentes exteriores, que todos conspiran poderosamente a acelerar su destrucción.

Ningún remedio existe capaz de restituir la vida al vaso mutilado, o de soldarlo con las partes sanas, ni aun de estirpar o cortar enteramente la marcha pestífera de la cangrena. Pero tenemos uno muy seguro para atajar en gran parte o hacer muy lentos sus progresos, y es el de sustraerlo absolutamente al contacto de aire, o sea la acción destructora de todos los agentes externos. No hablo de la práctica de embarrar las heridas con ungüento de enjeridores u otro análogo, cuyo uso quisiera ver estendido a las cepas; pues su efecto, aunque muy recomendable, es al fin incompleto, casi nulo en las heridas de corta extensión por grietarlo las heladas y el calor, derribarlo muy pronto los vientos y desleírlo las aguas, y nunca se le puede considerar sino como un paliativo pasagero o provisional.

Hablo de otro bálsamo o específico más eficaz, de efectos más completos y duraderos, como aplicado por la misma naturaleza que apenas exige del hombre en su administración sino puramente no ser contrariada. La próvida naturaleza se apresura efectivamente a estender sobre las heridas, hasta dejarlas exactamente cubiertas, las venas de verde o espansiones protectoras de la inmediata corteza viva, dándoles una dirección horizontal que sin la necesidad de ocurrir a tan urgente daño jamás hubieran tomado, y nada deja que hacer el podador sino la obligación de permitirla obrar respetando milagrosamente estos repulgos o rebenos que procurará nunca tocar, y la de *concentrar a un lado de la cepa todas las cuchilladas o toda la cantidad de muerte* de que no se la puede dispensar para lograr buen fruto en nuestros climas.

Desde el momento en que se confía a la tierra una estaca de vid y cualquier otra planta lleva ya consigo el mal de que ha de morir en la cuchillada o corte de su punta, siendo *vasos muertos los del lado opuesto a la yema en que se piensa fundar la cabeza o fiel.* Esto supuesto la habilidad del podador deberá dirigirse a *reunir contra dicho lado muerto todos los vasos que haya de mutilar en las podas sucesivas, y guardarse que ninguno de ellos se entremezcle con los vasos o partes sanas.* De este modo hallándose junta a un lado toda la cangrena o, como antes decía, toda la cantidad de muerte, aunque sea realmente la misma que si estuviese diseminada por toda la cepa, serán sus estragos incomparablemente menores; pues se obliga a obrar contra si misma, no pudiendo atacar a lo vivo sino la parte que toca con él. Por el contrario, podando a tontas y a locas apenas hay parte viva que no quede entre dos cuchilladas, es decir, tocando por uno y otro lado con las gangrenadas. Distribuidas estas por el cuerpo de la planta y siempre en contacto con las vivas, es preciso que las inficionen, que ejerzan sobre ellas toda su funesta acción, y que sigan el descae-

cimiento, la vejez y la muerte general mucho antes que si se hallasen reunidas a un lado.

¿Pero como ha de poderse conseguir esta separación tan saludable delo vivo y lo seco? conservando intactos, como dicen en la baja Andalucía, los verdes o la cuesta de los verdes, por el mismo cuidado que afirme poco ha se aseguraba entre otras ventajas inapreciables la de horizontar los ramos, reduciendo a conservar el sarmiento guía, o en otros términos a formar siempre de la peluda o yema más baja que mire afuera. Estas espresiones son bien sencillas, y es menester que sea muy poco experimentado el viñero o irreflexivo en alto grado para no entenderlas. La dificultad suele estar más bien en observar prácticamente la máxima que encierran, siendo preciso violarla cuando por un accidente imposible de prever o evitar, o por algún descuido cometido en las podas y castras anteriores se la encuentra en contradicción con los cánones no menos santos y fundamentales del arreglo de los brazos. Para concordar en estos apuros de complicación u oposición todos los principios y miras sensatas, tenían antiguamente varios pueblos de Andalucía sus institutos de jueces podadores, que describe D. Estéban Boutelou lamentándose con razón que de que estén abolidos hoy día en lugar de haberlos generalizado.

4 Sistema de conducción en vaso y su poda

La referencia más antigua en lengua castellana sobre la formación de vides en vaso se encuentra en el tratado de Gabriel Alonso de Herrera *Agricultura general*, escrito en el año 1513 y reeditado en 1818 con una serie de adiciones de la Real Sociedad Económica Matritense, en las que se incluye precisamente la poda en vaso. Posteriormente, este sistema se describe en *Viticultura y enología españolas*, escrito por Buenaventura Castellet Baltá en el año 1868. Años más tarde, sus fundamentos, prácticamente inalterados hasta la actualidad, se consolidaron en la obra del ingeniero agrónomo Nicolás García de los Salmones *Poda de la vid*, escrita en 1920, así como en la obra de 1954 del ingeniero agrónomo Juan Marcilla Arrazola *Tratado práctico de viticultura y enología españolas* y en *La poda de la vid*, escrita por los ingenieros agrónomos Moisés Martínez Zaporta y Luis Hidalgo Fernández-Cano, cuya primera edición es del año 1955.

Cabe prestar mucha atención a la descripción que realizan estos autores sobre la poda de cepas bajas en formas libres, en especial las técnicas empleadas durante el siglo pasado, pues el inmenso tesoro de viñedos viejos e incluso centenarios del que disponemos actualmente proviene precisamente de estas enseñanzas. Por esta razón, parte del presente capítulo se dedica a las técnicas de poda que estos autores expusieron en sus publicaciones.

Dentro de las conducciones bajas libres, estos autores denominan *poda en vaso, poda en redondo* o *poda a todo viento* al mismo sistema con el fin de diferenciarlo de otros sistemas de conducción. Característico de los secanos españoles, consta de dos a seis brazos que forman un ángulo aproximado de 45º con la horizontal. El número de brazos depende del vigor de las cepas y de su marco de plantación, y cada brazo puede llevar uno o dos pulgares, con una a tres yemas vistas más la ciega.

En su obra, Nicolás García de los Salmones describe con gran sencillez las cepas en vaso: "Se reduce esta forma a un tronco de cepa que, a mayor o menor altura sobre el ras de suelo, se bifurca (se abre) en brazos más o menos numerosos que, saliendo todos desde ese punto del tronco que se fijó a la altura conveniente, se desarrollan en sentido radial, para formar una especie de vaso de fondo estrecho y boca ancha (tronco de cono)".

4.1. Poda y formación en vaso según Gabriel Alonso de Herrera en su adición del año 1818

En la adición del año 1818 a la obra de Gabriel Alonso de Herrera, escrita en 1513, sus autores describen así los sistemas empleados para podar cepas bajas:

> Réstenos solamente comparar a la luz de las ideas que van espuestas los tres sistemas de podar la vid baja ya criada, unos racionales que nos son conocidos, y aun parecer los únicos posibles.
>
> El primero y más general, no solo en España sino también fuera de ella, suele distinguirse donde se conoce alguno de los otros dos con el nombre de *poda de redondo*. Consiste, no en dejar a todos los pulgares solo la yema ciega, como lo suelen entender donde rara vez se usa de otro, sino en cortar cada sarmiento en una, dos o tres yemas, sin contar con la peluda, según el vigor de la cepa. En este método tiene que hacer el podador para cada pulgar dos cortes, uno del sarmiento nuevo inferior que deja para pulgar del año venidero, y otro más considerable sobre viejo, o sea la madera de dos años, descargando de un golpe todo lo que el pulgar del año ha echado sobre dicho sarmiento inferior.
>
> Al segundo sistema, preferido comúnmente en la baja Andalucía, se llama *poda de vara*. El corte de todos los sarmientos se aprieta hasta dejarlos con solo la peluda, excepto uno que se deja sin tocar, o simplemente despuntado, y es el que da nombre al sistema. Se concibe fácilmente que el número de cuchilladas o cortes es superior en una mitad, más uno si la vara no se despunta, por la poda en redondo al de los que se dan en la de la vara; pero que ninguno es tan fuerte en la primera como el que es preciso dar en la segunda para echar la vara a tierra. En cambio tiene aquella contra si la gravedad de todos los cortes dados en la madera de dos años, no tan temibles sin embargo como parecen a primera vista, reduciéndose en rigor a rebajar las heridas hechas un año antes hasta el mismo punto que las hubiera rebajado o más bien hecho en el año anterior un podador del sistema de vara ahorrando una mitad de tiempo.
>
> El tercer sistema, que ignoro se use sino por algunos observadores ilustrados de la marina del reino de Sevilla, pudiéndose llamar *poda a la ciega*; siendo su distintivo esencial no dejar a la cepa yemas claras ni menos vara alguna, sino meramente la yema ciega o peluda en todos los pulgares. Tiene la ventaja tan notable como obia en cuanto a las cuchilladas, de no descargar ninguna grande, sino todas iguales poco más o menos, como que recaen siempre sobre nuevo o madera del año.
>
> De los métodos primero y segundo combinados resulta uno que podemos llamar *poda mista*, usado según pienso en la Mancha y Valencia con el nombre de *yema y braguero*. Se reduce a dejar en cada pulgar menos claras de las que se le darían podando de redondo, v. gr. una sobre la ciega en lugar de dos, y a suplir este déficit con dejar a cuatro o cinco yemas un solo sarmiento, que es el braguero o daga si se quiere o vara corta.

Para hacer más perceptibles las diferenciar o propiedades características de estos sistemas hemos observado en su descripción el número y estensión de las cuchilladas que supone cada uno. Todos ellos observan o pueden observar la *conservación de los verdes a un lado*, la distribución simétrica de los brazos, su justa proporción y la del esquilmo con las fuerzas de la cepa, y en una palabra atender la vitalidad de la planta y a su buen producir…

4.2. Poda y formación en vaso según Nicolás García de los Salmones

Este autor en su libro *Poda de la vid,* editado en el año 1920, se refiere a la poda y formación en vaso en los siguientes términos:

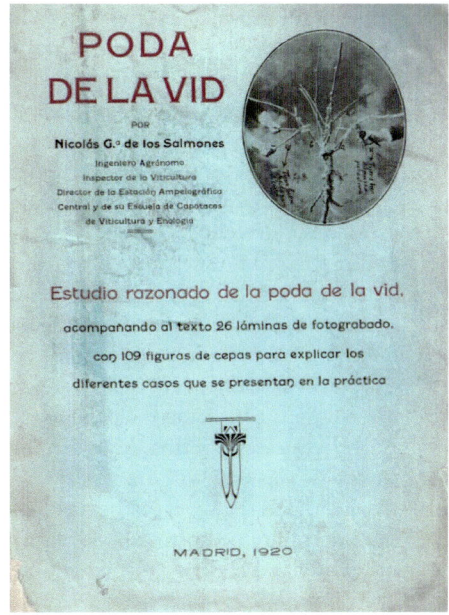

Poda de la vid (Nicolás García de los Salmones, 1920).

Es la *poda en redondo* general de nuestros viñedos, y del viñedo de los secanos de todos los países productores de vino. La sola conocida por nuestros viticultores, podríamos decir, y que en cada lugar se transmite de padres a hijos según los modos que en cada familia se enseñan, sin que los tiempos hayan introducido en ella otra modificación que la sustitución de la podadera por la tijera, que tiende cada vez a mayor uso, por lo más fácil de su manejo. Es en su conjunto la poda corta propiamente dicha, y la que mejor conviene en el secano meridional y para las clases de vid adoptadas en esas regiones, que son todas variedades fructíferas en las yemas de la base del sarmiento. Muy indicada asimismo en esas regiones por la facilidad que da para el cultivo con arado y la resistencia de la cepa a los vientos. También porque es la forma de poda que mejor permite sustraer el fruto a la acción de la intensa sequía estival en esos climas.

Al poner en práctica esta poda, la regla única que hemos visto da el que la enseña y ejecuta es que se busque el "dejar siempre la cepa derecha, para que su arborescencia no estorbe para labrar, y para que los racimos no toquen el suelo". Aplicando así de un modo absoluto este principio, la cepa se suele cerrar en ramaje que ocupa su centro, cruzándose unos ramos con otros, y dando a sus racimos situación que en los climas con primaveras poco favorables a la floración (tiempo húmedo y lluvioso en esta) y donde la planta es propensa a enfermedades (situaciones bajas, húmedas), aquella función se cumple mal, y el desarrollo de estas las hace de más difícil tratamiento. Cada uno poda así buscando solo esa derechura del pie, y de un podador a otro no suele haber más diferencia que la de dejar las cepas que poda con cortes de sarmiento más o menos limpios. Y así se poda mal, y en cada lugar, como ya se dijo, es la cepa misma la que atestigua estas faltas del podador.

Se reduce esta forma de poda a un tronco de cepa, cuya altura ya dejamos señalada; derivan de él los brazos, que salen del punto de tronco que se fijó como altura conveniente (bifurcación o *empatamiento* de la cepa), arrancando del mismo en sentido radial, y con dirección oblicua al exterior del tronco, lo que da a la cepa podada el aspecto, en su conjunto de brazos, de un cono truncado asentado por su base menor sobre el tronco de la cepa. Es decir, la cepa considerada en tronco y brazos es la forma de un gran embudo, en el cual el tubo o cuello de este es el tronco, y lo demás (la cazoleta del embudo) es la armazón en brazos; de una copa, en fin, de esas de la forma del vaso figurado (cono truncado), cuyo pie representa el tronco. Llámase esta poda en Francia poda en *gobelet*, y la denominamos en "vaso" por ser el nombre genérico de la forma entre nosotros. Veamos cómo se llega a la forma, considerando a la viña desde su plantación y refiriéndola a lo que debe ser el caso para nuestras plantaciones, donde ese vaso ha de ser con brazos y pulgares a poda corta.

Dejamos dicho que lo primero que se ha de formar es el tronco. Un sarmiento bien recto y vigoroso, el más derecho y de mejor situación para darnos el tronco de estas condiciones, es lo que ha de servirnos para esto, y mientras la planta no dé un brote capaz de suministrar dicho sarmiento, no debe disponerse poda para constituir ese tronco. Y bien se ve que esto depende del desarrollo de la cepa, el cual está subordinado a las condiciones de clima, del cultivo y de la fertilidad del terreno donde se plantó. Al tercer año, al cuarto…, cuando haya un brote de esas condiciones que decimos, se escoge como sarmiento para tronco ese más derecho y más conveniente entre los que dio la brotación del año anterior. Hasta tanto, la poda será en una sola guía, con corte a dos nudos sobre la tierra, pero a una sola yema sirviendo ese resto de sarmiento sobre esta para atar la guía a un tutor, si así conviene, o para marcar bien la planta en la tierra. De este modo aseguramos que el sarmiento que ha de servirnos para fundamento de tronco de la cepa arranque del mismo nivel del suelo, y junto al mismo punto de soldadura, por consiguiente, en las cepas injertadas. Es así como mejor prolongaremos en el sentido vertical conveniente esa parte de tronco que ya existe, arrancando desde el punto de soldadura.

Ya escogido el sarmiento para tronco, se podará dejándole con tres yemas a la altura conveniente según los buenos usos y costumbres del país, a unos 10-15 centímetros es lo general en nuestros viñedos. Esta altura de bifurcación será mayor en terrenos de fondo y fresco, de 0,20 a 0,30; y a 0,40 siendo húmedo, pues así es como luego se puede dar fácilmente a la cepa esa arborescencia en brazos que dejen el fruto sobre tierra y con una buena distribución del calor, aire y luz sobre la planta. Se corta este sarmiento por el entrenudo superior a la última yema de las tres dejadas, y se suprimen todas las yemas que tenga desde la inferior dejada hacia abajo. En la viña injertada este sarmiento es muy conveniente que se ate a un tutor, pues así crece derecho y sostiene muy bien el ramaje de brotes, evitando los estropee o quiebre el viento, muy sensibles a la acción de este los brotes en esa época, porque crecen con gran impulsión, y en tejido muy tierno, obligando a veces a un despunte y aporcado que dé a la planta fijeza e impida el bamboleo por los vientos. A la poda siguiente, se suprime por complejo el brote arrojado por una de las yemas dejadas el año anterior, y escogiendo un sarmiento entre los del brote de cada una de las otras dos, que conviene sean opuestos (uno a cada lado) se establecen con ellos en la cepa los dos primeros brazos, que han de formar una V abierta si están bien elegidos, Cada uno se poda a dos yemas vistas, dando el corte por el entrenudo inmediato a la

segunda yema dejada. Tendremos como resultado de la poda de este año un buen desarrollo de ramos, y cada brazo puede bifurcarse, podando en él para esto a yema vista cada ramo conveniente, no siendo cepa que venga muy vigorosa y terreno muy bueno, este paso de la cepa de los dos brazos a cuatro no siempre es posible en este segundo año que sigue al de la poda para darle tronco, y conviene atenerse a darle tres brazos solamente. En uno y otro estado se podará en cada brazo a un solo pulgar con dos yemas vistas y la ciega.

Téngase siempre presente que, en clima seco y tierra de poca fertilidad, no conviene, como ya se ha dicho, armar la cepa en muchos brazos; dos brazos, generalmente, y de un pulgar cada brazo, en estos casos, y con un narco estrecho (menos de 1,50 a marco real) bastarán, y procurando siempre que la poda del pulgar del brazo recaiga en la vara inferior para mantener la cepa baja, porque los brazos en un medio así, conservándolos lo más cortos posible, se armonizan mejor con el tronco, que ya se estableció con poca altura (0,10-0,15). Se sigue armando la cepa de este modo, manteniendo los brazos sobre los cuales

Formación de una cepa en vaso (Nicolás García de los Salmones, 1920).

se asienta el pulgar de producción podando éste en cada brazo a dos yemas vistas y atendiendo a eso ya dicho respecto a la elección del sarmiento para este pulgar, a fin de que no se alarguen demasiado los brazos, cosa sobre la cual insistimos, porque nos parece esto muy esencial para el buen crecimiento y duración de la viña plantada en esas condiciones de medio cálido, con tierras secas y pobres, no importando tanto en los climas frescos y buenas tierras, donde a veces (situaciones bajas) el ir levantando las cepas por ese alargamiento de brazos es conveniente.

En la formación de los brazos y cuando la cepa puede llevar más de esos dos que decimos convienen para marco estrecho, tierra seca y clima cálido, se ha de procurar que queden bien distanciados unos de otros, y repartiendo bien la carga de fruto, de manera que sean los brazos de pulgares más vigorosos los que soporten la mayor carga de ella, pues así se aprovecha su fuerza para la producción y se vigorizan los menos desarrolla-

dos, compensando de este modo su menor cantidad de fruto con la mayor cantidad que dan aquellos. Hay de dar a los brazos una buena dirección dentro de la forma establecida, tendiendo a inclinarlos en ángulo de 45º con la vertical que pasa por el eje del tronco, pues así quedan los brazos muy bien dispuestos por lo que a ellos particularmente se refiere, y dan, además, a los ramos de yemas del pulgar situación de crecimiento y desarrollo en condiciones que dejan bien abierto el vaso, que hemos dicho da forma a este sistema, lo cual conviene mucho para la buena ligazón (floración) y madurez del fruto, y para la mejor defensa contra todas las diversas enfermedades que padece la viña.

Al marcar esta poda de pulgar a dos yemas, ya hemos dicho que donde la clase de viña y clima consientan la buena fructificación con una yema, al dejar esta sola a cada pulgar es conveniente, porque conserva mejor en buen estado de desarrollo la cepa del campo de tierras pobres. No ha de olvidar nunca el

Formación de una cepa en vaso (Nicolás García de los Salmones, 1920).

podador que en los secanos de tierras pobres, si la fructificación ha de relacionarse bien con lo que es la fertilidad de esas tierras y con el mantenimiento de la cepa en buen estado de desarrollo, no puede ser excesiva la carga de fruto. Damos tanta importancia a esto, porque hoy, según lo apuntado en la nota anterior, es un factor de resistencia de los patrones vinífera-americanos a la filoxera, ya que precisamente donde las cepas se conducen así es donde mejor se defienden de sus ataques, según esos casos en Navarra.

Por último, diremos que esta forma de poda, si al pulgar de un brazo le sustituye una vara, se tendrá dispuesto en el mismo el sistema de vara, y llevando así el mismo pie vara y pulgar, se habrán establecido en una sola cepa los tres sistemas de poda que hemos admitido. Para grandes cepas, las de gran vigor, como las que nos ofrecen algunas tierras muy buenas, caben en la forma estas combinaciones que, si se ajustan a todas estas reglas de podas establecidas, responderán bien a lo que han de ser fines de esta operación, y, por lo tanto, cabrá admitirlas. Pero, sin los buenos abonados, el mantener esas modificaciones, que tanto salen de la forma, nos parece imposible.

4.3. Poda y formación en vaso según Juan Marcilla Arrazola

Este autor en su *Tratado práctico de viticultura y enología españolas*, editado en 1954, se refiere a las podas cortas de la siguiente forma:

Poda a la ciega o a la casquera. Es la más corta de todas las podas, ya que la cepa podada *a la ciega* queda formada por un tronco, casi siempre bajo o muy bajo, terminado en una cabeza, más o menos abultada, en la cual y convenientemente distribuidos, con preferencia en su contorno, se han conservado un número variable de pulgares rudimentarios que no conservan más que la yema ciega y un corto trozo del entrenudo superior a ella. No existen, por lo tanto, brazos, y en las podas excesivas se eligen, para cortarlos sobre la ciega, los sarmientos de adecuado vigor y buena colocación, nacidos de yemas adventicias sobre la madera vieja, o de las yemas ciegas de los sarmientos nacidos más próximos a la

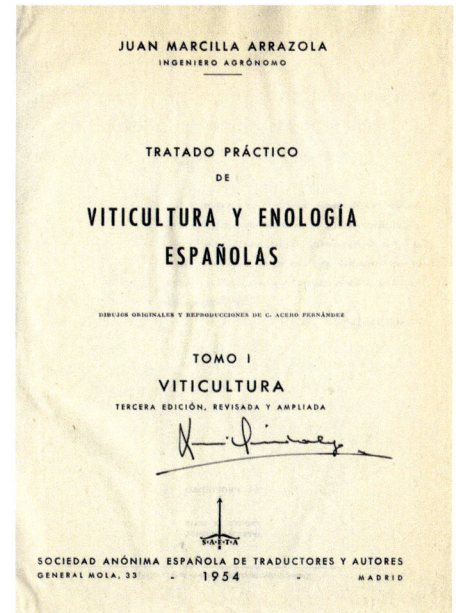

Tratado práctico de viticultura y enología españolas (Juan Marcilla, 1954).

cabeza de la cepa, en la vegetación anterior, y se suprimen radicalmente todos los demás.

La formación de la cepa para esta poda es tan sencilla y se reduce a podarla primero y siguientes verdes a una sola guía (el sarmiento más vigoroso y mejor colocado, normalmente el más bajo y de dirección más próxima a la vertical), y a una sola yema vista sobre la ciega, hasta lograr que el tronco tenga grosor suficiente. Las podas sucesivas, a niveles poco inferiores a aquel en que se quiere formar la cabeza de la cepa, van contribuyendo a ello gradualmente.

En las podas anuales, de producción, se dejará un número de yemas ciegas adecuado a la edad y, sobre todo, al vigor de cada pie, procurando que queden regularmente en torno a la cabeza de la cepa, suprimiendo los sarmientos que pudieran nacer de la cruz o parte superior, supresión que es preferible realizar en la poda en verde para evitar heridas extensas que ocasionarían resecos en la zona citada, con peligros de envejecimiento prematuro del pie y de ataques de la llamada *enfermedad de la yesca* o *apoplejía* (*folletage* de los franceses; *acedo* en algunos pueblos de las regiones vitícolas del centro de España).

La mejor colocación de los pulgares rudimentarios conservados, es la que les sitúa en forma de corona, sin que por encima, y aún menos por debajo de ellos, existan *resecos* procedentes de heridas amplias de madera vieja, que en esta y en todas las formas de poda deben ser evitadas, en la medida de lo posible, causándolas solo cuando no quepa otra solución, siempre más favorable.

Poda corta, en cabeza, típica de la región manchega. Se trata solo de una variante de la genuina poda *a la ciega*. La formación de la cepa es idéntica a la que se sigue en esta poda, pero en las anuales se conserva una corona de pulgares muy cortos (normalmente en cepas robustas cinco o seis), nacidos en el contorno de la cepa, como en la poda *a la casquera*, pero con una yema vista, única diferencia esencial entre ambas podas. La que nos ocupa rinde, especialmente con la fértil variedad *Airén*, aceptables produc-

Cepas podadas *a la ciega*, en cabeza, al estilo de La Mancha (Juan Marcilla, 1954).

ciones. Quizás no sea tan adecuada esta poda para la cepa *Cencibel*, pero no existen suficientes experiencias comparativas entre estas podas y la poda en redondo, en vaso, que describimos a continuación, remitimos al lector a lo que decimos más adelante acerca de este asunto.

Poda en redondo o en vaso. Es la poda más generalizada en España y en los países meridionales, en todos los viñedos en cultivo extensivo, en climas secos y de verano calurosos y en terrenos pobres o fertilidad media.

Con esta poda la cepa queda formada por un tronco recto, a veces muy corto (0,20-0,30 metros), en determinadas circunstancias algo más largo (0,40-0,60 metros), del que nacen un número variable de brazos (de 2 a 6, pocas veces en mayor número, normalmente de 3 a 5), repartidos uniformemente en torno del tronco, dirigidos hacia arriba, con una inclinación media, formando en su conjunto una especie de vaso al que se hace referencia en una de las designaciones de esta poda. Cada brazo termina en un pulgar con la yema ciega y una o dos y excepcionalmente tres yemas vistas.

Los brazos de la cepa podada en redondo deben ser cortos o muy cortos, tanto más cuanto más cálidos y secos sean el clima y el terreno y cuanto más pobre sea el último, con los cual se logra, no solo reducir la arborescencia y concentrar la vegetación, sino también facilitar el arrimo de las labores (con tracción animal o mecánica) al pie de la cepa, aminorando el peligro de romper o estropear los pulgares al realizar aquellas, y disminuyendo el peligro de los daños que pueden ocasionar los fuertes vientos.

En climas y terrenos muy secos, con suelos profundos y fértiles, la preocupación de no prolongar mucho los brazos puede ser menos acuciante, y hasta el posible que en algún caso convenga lograr largos brazos para alejar el fruto de la tierra y ensanchar la cepa, siempre que se eviten los riesgos de rotura o daño en dichos brazos y en los pulgares, alejando las labores mecánicas del pie de la cepa.

La formación de la cepa podada en redondo se logra del modo siguiente, a partir del primer verde:

Para la primera poda se elegirá un solo sarmiento como guía, el mejor colocado, que será normalmente el más vigoroso, si arranca de un punto bastante próximo al suelo y tiene una dirección vertical o, al menos, no muy inclinada; este sarmiento se podará a una yema vista sobre la ciega y todos los demás serán radicalmente suprimidos.

Esta primera poda de formación de la cepa se repetirá, o no, en el año siguiente y aún en el posterior (después del segundo o del segundo y tercer verde de la cepa en el terreno definitivo), según el vigor que se haya logrado para la joven cepa, hasta conseguir que la guía sobre la que poda forme un pulgar robusto sobre el que se pueda proseguir la fundación de la forma de poda. Con buenos barbados o injertos, en climas de verano largo y en terrenos no muy pobres, es normal el lograr el anterior resultado en el segundo verdor; pero, en cualquier caso, debe tenerse en cuenta que es francamente perjudicial para el porvenir del viñedo el pretender conseguir prematuramente la formación de la cepa, si el vigor de la misma no lo permite, conforme a lo indicado más arriba, en las normas fundamentales de poda.

En la segunda poda de formación se elegirá, con el mismo criterio que en la primera, un solo sarmiento para pulgar-guía, pero en esta segunda se podará a tres yemas vistas consecutivas, colocadas las dos más bajas a una altura aproximadamente igual a la que se pretende dar al tronco de la cepa formada. Para formar bajas es lo más frecuente que las tres yemas inferiores del sarmiento que se elijan para pulgar-guía cumplan con la última condición apuntada, pero en cepas que deban ser podadas en formas más altas se suprimirán a navaja aquellas yemas que queden por debajo de las tres elegidas para constituir con sus brotes la iniciación de los dos primeros brazos.

En rigor, deberían conservarse solo dos yemas vistas en la segunda poda de formación que venimos describiendo, pero es aconsejable podar sobre tres yemas para disponerse una de repuesto, en previsión de pérdida de algún brote por heladas tardías o por otras causas, y para permitir una más acertada elección.

En la poda siguiente cada pie ofrecerá tres sarmientos de yemas vistas (salvo accidente), además de los procedentes de la yema ciega y de las adventicias y entre todos ellos (casi siempre a ser posible, entre los de las yemas vistas conservadas en la poda anterior) se elegirán los dos más vigorosos y sanos con la condición de que sus direcciones formen una V abierta, para podarlos en pulgares de una o dos yemas vistas sobre la ciega (dos yemas vistas es lo aconsejable en la mayoría de los casos), suprimiendo en absoluto todos los demás sarmientos. Los dos pulgares conservados inician la formación de los dos primeros brazos.

En las podas posteriores y en la medida en que vaya permitiendo el vigor de cada pie, pueden ir fundándose los

Podas de formación de la cepa en redondo o en vaso (Juan Marcilla, 1954).
a) Primera poda.
b) Poda del segundo año.
c) Cepa al final del segundo año, indicándose en mn y CE los cortes de la poda del tercer año de formación.
d) Cepas después de esta tercera poda.

restantes brazos de la cepa, a partir de pulgares normalmente constituidos, con sarmientos que posean conveniente posición y dirección, nacidos de yemas ciegas o de la inferior, vista, de los pulgares respetados en la poda anterior. Es aconsejable, también, proceder con gran prudencia en el aumento del número de brazos para no verse obligados a suprimir alguno de ellos pocos años más tarde, operación que solo para corregir podas muy defectuosas o para aliviar graves debilitaciones de vigor debe ser realizada, como mal menor, ya que la cicatrización de extensas heridas en madera vieja ocasiona *resecos*, cuyos inconvenientes hemos encarecido más arriba.

Las podas de producción en la forma *en redondo* son muy sencillas, si todas las podas precedentes se han hecho con acierto, y aún son más fáciles si además, se ha suprimido en la poda en verde los brotes adventicios que nacen en la cruz y en la madera vieja de los brazos y el tronco. En estas circunstancias se eligen, para podarlos en pulgares, los sarmientos que, poseyendo buen vigor, nacieron de las yemas más bajas (con preferencia de las yemas ciegas) de los pulgares del año anterior, con inclinación y dirección conveniente para la paulatina prolongación de los brazos, prolongación que, repetimos, debe ser la menor posible.

El número de yemas respetadas en cada pulgar deberá ser decidido según normas generales de poda y según las circunstancias peculiares de cada pie de cepa y aun de cada brazo y pulgar. En cepas fértiles (que fructifican bien en los brotes de las yemas inferiores de los sarmientos) pocas veces deben podarse a

más de dos yemas vistas sobre la ciega, pues es más aconsejable, para la mayor parte de los viñedos españoles (en cultivo extensivo y en clima seco y cálido), podar en más brazos con pulgares cortos que hacerlo en menor número de estos, en pulgares de muchas yemas. El temor al corrimiento del fruto, en cepas de excesivo vigor, la clase de vidueño (fino, poco fértil) y las condiciones de clima y de terreno opuestas a las más arriba mencionadas pueden aconsejar, naturalmente, modificar un poco la rigidez de estas reglas.

En la conservación de la inclinación conveniente de los brazos de la cepa podada en vaso se seguirá el criterio de contrariar la tendencia típica de la variedad, cuando ella es exagerada; es decir, se elegirán para pulgares los sarmientos más erguidos en las cepas de porte rastrero y los que abran más la cepa en las variedades de porte erguido.

Los pulgares no se fundarán en sarmientos *pegadizos* ni en los que estén insertos sobre cortes de poda, antiguos o recientes, o en proximidad a los muy extensos. En la medida de lo posible, las pequeñas secciones originadas en la supresión de sarmientos deben quedar, alternadamente, en uno y otro costado de los brazos, dejando sanas las superficies de la regiones más alta y más baja de los mismos. Se procurará también que las lesiones mayores no queden en corte horizontal o poco inclinado y, por todos los medios, se evitará causarlos en la cruz de las cepas.

En los pies de vid que han sufrido podas incorrectas, el problema de reformarlas para una buena producción, con las menores mutilaciones posibles, puede

Cepas de diversas edades, bien podadas, en redondo (Juan Marcilla, 1954).

poner a buena prueba la competencia y habilidad del podador que, en tales casos (desgraciadamente frecuentes), necesita no solo seguir las reglas generales anteriormente expuestas, sino elegir entre sarmientos adventicios los mejores para construir nuevos brazos y aún provocar la formación de estos brotes para futuras podas, tendiendo a abrir o cerrar la cepa, enderezarla o formarla de nuevo sobre nuevos brotes, etc. Se comprenderá que no es posible dictar normas para tantos casos posibles como cepas mal podadas puedan ofrecerse a la labor del podador.

4.4. Poda y formación en vaso según Luis Hidalgo Fernández-Cano

Este autor, en su obra *La poda de la vid,* escrita junto con Moisés Martínez-Za- porta González y publicada por primera vez en 1955 y con sucesivas ediciones, se refiere a este tipo de formación y poda en los siguientes términos:

Después del primer año de plantación del injerto, o de la injertación, si aquella plantación se hizo con barbado, nos encontramos con una cepita que, corrientemente, llevará varios sarmientos. De ellos elegiremos uno bien vigoroso y con dirección no muy inclinada, a ser posible el más cercano a la madera de dos años, el cual se podará a una o dos yemas francas. De estar más alto, pódese con las precauciones y esmero ya dichas, dejando un tocón.

Al año siguiente nos hallaremos con que la cepita habrá originado varios brotes, habrá "movido" no solo las yemas francas, sino también la ciega y, probablemente, alguna más de las casqueras y quizá alguna de espergura, que se supri-

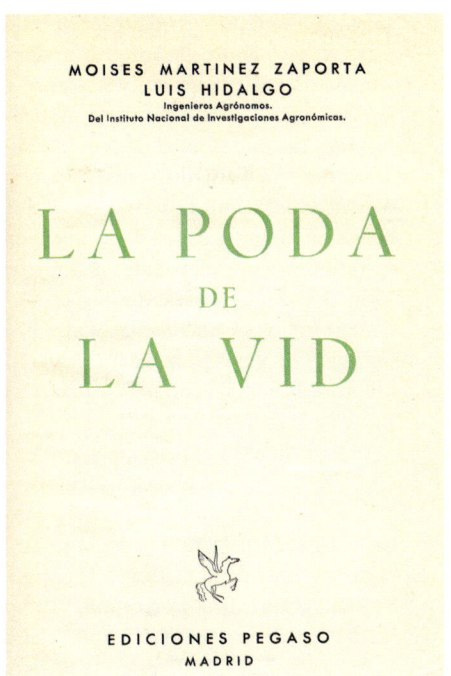

La poda de la vid (Moisés Martínez-Zaporta y Luis Hidalgo, 1955).

mirá oportunamente en verde, para evitar formar cicatrices en la madera que dificulten la circulación de savia.

Si hubiera gran vigor, es decir, si la cepita hubiese engrosado considerablemente, y los sarmientos que lleva fuesen también de muy buen grueso, lo que es excepcional, elíjanse dos de estos con la *abertura* o inclinación referida, para el *embrazado*, y a la distancia del suelo que esta iniciación aconseja, de unos 25 a 30 cm en la generalidad de nuestros secanos, y 35 a 40 cm en climas ya frescos o húmedos y medios donde las heladas primaverales sean frecuentes. Todo esto dependerá de las condiciones ambienta-

les y del suelo que transmitan vigor a la plantación. En todo caso, para las formas en vaso bajas usuales en nuestro país, estos sarmientos, arranque la bifurcación, se podarán a dos yemas francas.

Para las formas en vaso medias o altas, el *embrazado* de la cepa debe efectuarse a una mayor altura, máxime pensando en la mecanización de las labores, siendo muy aconsejable el realizarla a unos 50 a 60 cm sobre el suelo, con el tronco debidamente tutorado, con lo que se consigue que los racimos de uvas permanezcan por encima de los 30 a 40 cm sobre el suelo. Pero lo corriente es que tronco y sarmientos, después de la primera poda, no tengan el suficiente vigor para pensar en la bifurcación. Por tanto, habrá de elegir un solo sarmiento de buen vigor y dirección, a ser posible el más bajo, dejándole dos o tres yemas francas. La altura del *embrazado* también se denomina como *cruz*.

Dice Lucio Junio Moderato Columela en su obra *De re rustica* o *Los doce libros de Agricultura*, traducida al castellano por Juan María Álvarez de Sotomayor y Rubio en el año 1824, en su capítulo XIX, libro cuarto, sobre la altura que se debe levantar el *yugo,* es decir, la altura del sistema de soporte de las vides, donde la altura de la cepa es de un pie más bajo que el del yugo. En cuanto a la posición del yugo hasta qué altura se ha de levantar de la tierra, baste decir que su menor elevación es de cuatro pies, y la mayor, de siete. Y esto último se ha de evitar en las plantas nuevas. Pues no deben levantarse desde el principio a esta altura, sino que se han de conducir a ella por una larga serie de años. Pero, cuando más húmedo es el suelo y el clima y los vientos más apacibles, tanto más se debe levantar el yugo, porque la fertilidad de las vides permite que se eleven más, y el fruto, estando retirado de la tierra, se pudre menos, y este el único modo de que goce de los vientos que secan prontamente las nieblas y el rocío pestilencial, y que contribuyen muchísimo a hacer caer la flor y a la bondad del vino. Por el contrario, la tierra endeble, pendiente, y la abrasada por el calor, o la que está expuesta a la violencia de las tormentas quieren un yugo más bajo. Pero, si todas las cosas son a medida de nuestro deseo, la altura regular de la viña es de cinco pies: y no hay duda sin embargo que las vides dan el mosto de tanto mejor gusto cuanto más elevados sean los yugos a que se levantan.

La medida del pie romano era de unos 30 cm, lo que equivale para las cepas de cuatro pies de altura de 1,2 metros para las cepas conducidas en vasos parecidos a los nuestros. Según Salustiano Moraleda Fernández en su libro *El vino y la vid en la Antigua Grecia,* donde describe con todo detalle los sistemas de conducción de las vides utilizados en la época de los griegos y romanos, lo más parecido a nuestros vasos en formas libres eran la *vitis capitata* o *de cabeza,* similar a un pequeño árbol desmochado, y la *vitis bracchiata* o *de brazos,* ambos iguales a los actuales vasos podados con pulgares de mayor o menor longitud. Según Columela, estos tipos de poda fueron tomados de los cartagineses, debido a la falta de madera en esta zona para fabricar los apoyos de las vides. O bien se podía apoyar en formas bajas con una simple estaca vertical donde se sujetaba la vid *(vitis pedata),* utilizando una estaca o rodrigón que los griegos llamaban *camax* o *charax,* y los latinos, *adminiculum, statumen, sudis* o *pedamentun.* De este sistema de conducción se evolucionó hacia otros métodos más sofisticados, como la *vitis iugata,* que consistía en poner sobre el *pedamentum* vertical un *yugo* o vara atada en altura de forma horizontal formando una T, donde se conducía el viñedo en el sentido de las líneas de vides para dejar la calle libre, tomando el viñedo un aspecto muy similar a las actuales espalderas.

De ordinario, el tercer año nos encontraremos ya la cepita con varios brotes, originados al mover las yemas francas y alguna casquera. Las esperguras o chupones que dé la madera vieja se habrán de suprimir oportunamente en verde, buscando del mismo modo evitar la formación de cicatrices en la madera que dificulten la circulación de la savia. Si las condiciones de vigor, dirección y distancia al suelo se cumplen en dos sarmientos, hecho corriente a estas fechas, procédase, como acaba de ser dicho, para el caso excepcional de la segunda poda.

La ampliación del otro u otros brazos se hará al año o años siguientes, pero sin apresuramientos y de manera que la forma se establezca del modo más perfecto posible, equilibrando el vigor en los distintos brazos.

La colocación de simples estaquillas de madera, hincadas en tierra al pie de las cepitas, como tutores temporales, puede ser útil en el segundo año de la plantación, hasta conseguir la bifurcación, para evitar que el viento o el peso de la propia cepa "tumbe" las plantas;

Conducción de la viña sin soporte
(sine pedamentum)

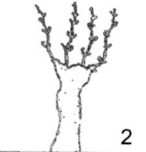

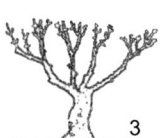

Conducción de la viña con soporte
(cum pedamentum)

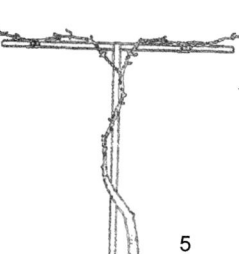

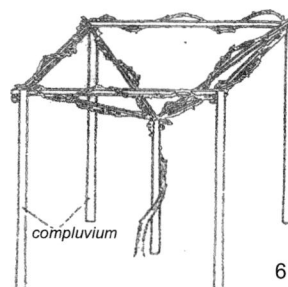

compluvium

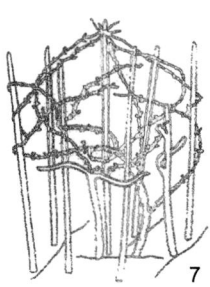

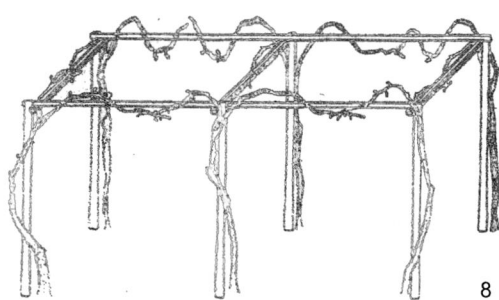

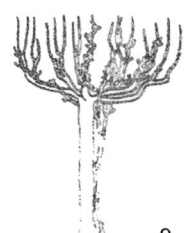

1. *Vitis prostrata*
2. *Vitis capitata*
3. *Vitis bracchiata*
4. *Vitis pedata*
5. *Vitis iugata (canteriata)*
6. *Vitis compluviata*
7. *Vitis caracata*
8. *Pergula*
9. *Vitis arbustiva*

Sistemas de conducción de la vid de los romanos (Salustiano Moraleda).

pero si esto ocurriese se recurrirá al consabido recurso de enderezarlas con piedras u horquillas y fijar la cabeza o vuelo en la posición requerida.

Los vasos corrientes, adoptados en la gran mayoría de las viñas de nuestro país, difieren entre sí por la longitud del tronco y de los brazos, por el número de estos y por la divergencia o separación de los mismos; circunstancias todas ellas dictadas por las características del medio vitícola, facilidad de ejecución de los trabajos, y también por la finalidad que se persiga. La cuantía de la poda puede oscilar de la pobre a la muy rica, y ya queda dicho y razonado que, en medios un tanto deficitarios de clima, los vasos de los brazos abiertos y largos, con podas pobres, son los que permiten obtener, dentro de los marcos peculiares, buenas cosechas.

Añadamos que, a medida que crece el número de brazos, al sostener el equilibrio de vigor deseable entre ellos se hace más difícil. Si al gran número de brazos se une el deseo de aumentar la carga, bien alargando los pulgares, dejando horquillas o sacas, se irá, en climas poco generosos, a bajas calidades, y en climas de verano caluroso, a debilitar la viña y a la obtención de frutos de inferior calidad y escasa cantidad.

En este sentido, Lucio Julio Moderato Columela, en el capítulo XXI del libro cuarto sobre "Cómo se ha de formar la vid, y conservar siempre nueva", dice lo siguiente: "La viña que tiene cinco años no tiene otra poda que la conveniente para continuarle la forma que le hemos designado, e impedirle que se extienda por alto, sino hacer que la cabeza del tronco esté cerca de un pie

más bajo que el yugo, y que se distribuya por cuatro brazos, que algunos llaman *duramentos*, en otras tantas partes. Será bastante que a cada uno de estos brazos se le deje un sarmiento para fruto, hasta que las viñas tengan toda su robustez. Pero, cuando algunos años después hayan llegado, por decirlo así, a la edad juvenil, no es fijo el número de sarmientos que se les ha de dejar. Porque la fertilidad del terreno exige muchos, y la esterilidad menos. Supuesto que la vid viciosa, si no se la reprime dejándola llevar fruto, deja mal la flor y toda se vuelve madera y pámpanos; la endeble por el contrario padece cargándola mucho. Y así en un terreno pingüe se podrán dejar dos sarmientos a cada brazo; y sin embargo no se han de cargar más que con los correspondientes a que una vid sola mantenga ocho; a no ser que la excesiva fertilidad del terreno exigiera más. Pues la que tiene más número del que acabamos de decir parece más bien parra que cepa. Y no debemos consentir que los brazos sean más gruesos que el tronco, sino siempre que se pudieren dejar sarmientos de los que salen por los lados de los brazos, se cortarán estos con frecuencia, para que no superen el yugo, sino que se vaya renovando continuamente la vid con ramas jóvenes, las que, si crecieren suficientemente, se pongan sobre el yugo, pero si alguna se quebrase o fuere de poca longitud, y estuviere en parte a propósito para que desde ella se pueda renovar la viña al año siguiente, pódese, dejándola hecha pulgar, al cual unos llaman *custodio*, otros *resex*, algunos *presidiario*: este es un sarmiento de dos a tres yemas, del cual así que han salido ramas de fruto, se corta todo lo que hay de él para arriba en el brazo viejo, y de esta suerte brota la vid por un vástago nuevo. Y este método, por el cual se harán puesto las viñas en buen estado, se ha de observar siempre".

Hasta aquí nos hemos referido a la poda de una *cepa en vaso,* esto es, a la llamada también *poda en redondo o de poca madera,* en sus dos fases de producción y de formación, sistema generalmente seguido en el viñedo español. Pero, dada la gran diversidad de medios vitícolas, variedades utilizadas y finalidad perseguida, se comprende que existan variantes, que conviene señalar.

En ciertas regiones meridionales, de veranos muy calurosos y con viníferas de fertilidad muy acusada, donde las enfermedades criptogámicas no son temibles más allá de la floración, y en la que el medio vitícola favorece decididamente la calidad, el vaso se reduce a un tronco en donde faltan los brazos y pulgares, como por ejemplo en Córdoba, con su variedad *Pedro Ximénez,* ya que todos los años se eligen varias esperguras, situadas precisamente en esa expansión del tronco denominado cabeza, que se podan por encima de la ciega.

Son estas formas de poda, generalmente pobres, que, exagerando el renglón de pérdidas de ambos órdenes por resistencia al brote y multiplicidad de heridas, predisponen todavía más a la calidad. Por otra parte, el follaje y el suelo están sombreados, concentrándose la vegetación en el tronco de la planta, evitando, durante el calor extremado, las grandes pérdidas de agua por transpiración foliar y evaporación del suelo. El laboreo de la viña se facilita notablemente en invierno y primavera. No obs-

Viña en vaso vieja de *Airén* podada a la manchega: "una yema y la ciega" (José Hidalgo).

tante, la multiplicidad de las heridas al podar adelanta la vejez y acorta la vida de la cepa.

Otra variante, con circunstancias parecidas de medio, se presenta corrientemente en la región manchega. Pero, aquí, de la *cabeza* o *mesa* parten pulgares cortos, podados, a una yema franca, y la ciega, siempre sobre el brote de la yema ciega del año precedente, pues ya no son esperguras. Tras podas continuadas pueden llegar a producirse brazos de reducida dimensión, que se rebajan en cuanto ello es posible. También es forma de poda pobre o, a lo más, discretamente rica, como cuadra al medio y a la variedad blanca *Airén,* dominante en la región citada, de gran fertilidad, porte poco erguido y de madurez tardía. Con todas estas formas, la operación de espergurado o desbrotado en verde no solo es conveniente, sino esencial, so pena de comprometer la cabeza o mesa; es decir, la forma de la cepa.

4.5. Poda y formación en vaso

Las cepas en vaso generalmente se construyen en un espacio de tres dimensiones, a diferencia del resto de sistemas de formación, que se distribuyen en un plano, es decir, en dos dimensiones. No obstante, también existen vasos formados en dos dimensiones con el fin de facilitar la mecanización del viñedo, ya que, en los vasos tradicionales, los brazos de las cepas llegan a ocupar parte de la calle del viñedo.

El *número de brazos* de las cepas en vaso, así como el *número de pulgares* por brazo, generalmente uno o dos, que portan las *yemas*, dependerá de las condiciones del medio de cultivo, es decir, de la fertilidad del terreno y de la disponibilidad de agua. También influyen el marco y la densidad de plantación de las cepas, pues la ocupación de suelo por las vides puede ser mayor o menor en función del número de cepas plantadas por unidad de superficie, por ejemplo, de una hectárea de terreno. La integración de todos estos factores se expresa mediante el número de yemas por hectárea de viñedo. Por ejemplo, en la denominación de origen calificada Rioja, las plantaciones de vasos tradicionales tienen alrededor de 40 000 yemas/ha, partiendo de una densidad de plantación de 3300 cepas/ha, con cepas de tres brazos, cada una con dos pulgares de dos yemas vistas.

En nuestro país, el número de brazos de las cepas en vaso oscila entre dos y seis, y cada brazo puede portar uno o dos pulgares, con una o dos yemas francas o "vistas", sin contar la yema ciega. Esto genera las siguientes posibilidades:

Tipo de vaso	Número de yemas/cepa
2B/1P/1Y	2
2B/1P/2Y	4
2B/2P/1Y	4
2B/2P/2Y	8
3B/1P/1Y	3
3B/1P/2Y	6
3B/2P/1Y	6
3B/2P/2Y	12
4B/1P/1Y	4
4B/1P/2Y	8
4B/2P/1Y	8
4B/2P/2Y	16
5B/1P/1Y	5
5B/1P/2Y	10
5B/2P/1Y	10
5B/2P/2Y	20
6B/1P/1Y	6
6B/1P/2Y	12
6B/2P/1Y	12
6B/2P/2Y	24

B: brazos/cepa
P: pulgares/brazo
Y: yemas/pulgar

La distribución de los brazos de las cepas en vaso en el espacio debe ser regular, es decir, respetando los ángulos de separación entre brazos para conseguir una adecuada apertura de la vegetación, una buena insolación y aireación de las hojas y racimos, evitando así amontonamientos.

Tipo de vaso	Ángulo de separación entre brazos
2 brazos	180°
3 brazos	120°
4 brazos	90°
5 brazos	72°
6 brazos	60°

Partimos de plantas injertadas y enraizadas en vivero, pues actualmente es muy raro utilizar plantas de "pie directo", enraizadas o no, así como portainjertos o patrones enraizados e injertados en campo, como se hacía antiguamente.

A continuación, describiremos la construcción de las cepas en vaso, mediante las sucesivas podas de formación y fructificación a lo largo de los años.

Cepa antigua en vaso de cinco brazos de *Malvasía* **en Toro (Zamora). Obsérvese en la parte superior de los brazos la** *carrera de los secos* (José Hidalgo).

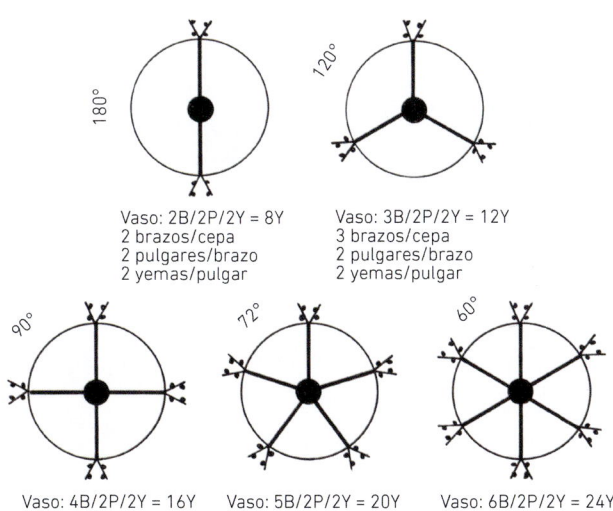

Vaso: 2B/2P/2Y = 8Y
2 brazos/cepa
2 pulgares/brazo
2 yemas/pulgar

Vaso: 3B/2P/2Y = 12Y
3 brazos/cepa
2 pulgares/brazo
2 yemas/pulgar

Vaso: 4B/2P/2Y = 16Y
4 brazos/cepa
2 pulgares/brazo
2 yemas/pulgar

Vaso: 5B/2P/2Y = 20Y
5 brazos/cepa
2 pulgares/brazo
2 yemas/pulgar

Vaso: 6B/2P/2Y = 24Y
6 brazos/cepa
2 pulgares/brazo
2 yemas/pulgar

Tipos de vides conducidas en vaso (José Hidalgo).

Primer año

Tras la plantación del material injertado, brotan y se desarrollan sus yemas. Si existen varios brotes, conviene dejar solo el más vigoroso y mejor situado, eliminando el resto de los brotes cuando estén tiernos y puedan quitarse fácilmente a mano para no dejar cicatrices en la madera que dificulten la circulación de la savia.

Para sujetar el brote seleccionado —evitando que se desprenda y garantizando su crecimiento recto y vertical— se colocará un tutor bien hincado en el terreno, preferentemente una buena estaca o piquete de madera con una altura libre igual o superior al embrazado o la cruz prevista en la plantación.

Segundo año

El pámpano, ya convertido en sarmiento, seleccionado el año anterior y sujeto verticalmente al tutor, se poda en invierno eliminando todas las yemas que superan la altura prevista para el embrazado de la cepa. Se respetan las dos o tres yemas situadas en la posición más alta del sarmiento podado, y se castran las demás. También es posible dejarlas y eliminar sus brotes a mano en primavera, cuando estén tiernos, para evitar cicatrices o yemas dormidas en la madera.

Las dos o tres yemas superiores respetadas en la poda brotan de forma normal, y sobre ellas se construirán los brazos de la cepa en años venideros. Si se dejan tres yemas, uno de sus brotes se eliminará al año siguiente para lograr una mejor distribución de los futuros brazos o como medida preventiva por si una yema no brotara o sufriera un accidente. Probablemente las cepas tendrán algo de uva, que podrá vendimiarse en su momento, aunque es preferible retirar los racimos (vendimia en verde) para conseguir un mayor vigor y desarrollo de las cepas.

Tercer año

Los dos sarmientos procedentes de las dos yemas respetadas el año anterior son podados en invierno, dejando, en cada uno de ellos, un número de dos a tres yemas, dependiendo del vigor mostrado y también de la posición de la yema más basal para buscar posteriormente un buen flujo de savia por la parte inferior de este elemento.

En primavera brotan estas dos o tres yemas y se suprimen los brotes sobrantes cuando están tiernos para evitar cicatrices en la madera, y garantizar el vigor y la buena circulación de la savia. También debe tenerse en cuenta la posible brotación de alguna yema ciega o adventicia de madera vieja, que puede aprovecharse si está bien situada o suprimirse en caso contrario.

En este tercer año, las cepas producirán una buena cantidad de uva que ya puede vendimiarse para su aprovechamiento, aunque también puede realizarse una vendimia en verde total o parcial para asegurar un buen desarrollo del viñedo.

Cuarto año

En este año se decide el número de brazos que tendrán las cepas, según su vigor o desarrollo. En un mismo viñedo, las cepas pueden mostrar diferente vigor debido a las variaciones del medio de cultivo dentro de la parcela. Por tanto, es normal y recomendable que los vasos tengan distinto número de brazos.

Si se opta por dejar una cepa con dos brazos, la poda de formación queda completada. En invierno, se podarán las cepas dejando uno o dos pulgares en cada brazo, y cada pulgar con dos o tres yemas, según el vigor mostrado y la posición de la yema basal para asegurar un buen flujo de savia por la parte inferior del pulgar. Conviene dirigir los dos brazos de forma equilibrada, con un ángulo aproximado de 180º entre ellos.

Para una cepa con tres brazos, en uno de los dos brazos formados el año anterior se dejan dos pulgares con dos o tres yemas cada uno, en función del vigor y la posición de la yema basal, para asegurar un buen flujo de savia por la parte inferior de este elemento, formando de este modo el primer brazo. En el otro brazo se dejan tres pulgares con dos o tres yemas cada uno: el más cercano al tronco formará el tercer brazo en años venideros, y los otros dos pulgares del segundo brazo se podarán igual que los del primero. A partir de este momento, el primero y segundo brazos ya estarán formados, mientras que el tercero necesitará un año más para completar su formación.

Para una cepa de cuatro brazos, se podan en invierno los dos brazos formados el año anterior, dejando dos pulgares por brazo con dos o tres yemas cada uno, según el vigor y la posición de la yema basal para asegurar un buen flujo de savia en la parte inferior de este elemento.

En primavera brotan las yemas dejadas en los pulgares y se suprimen los brotes sobrantes cuando están tiernos para evitar cicatrices en la madera, y garantizar el vigor y la buena circulación de la savia. También debe tenerse en cuenta la posible brotación de alguna yema ciega, que puede aprovecharse si está bien situada o suprimirse en caso contrario.

En este cuarto año, las cepas ya están en plena producción de uva, que debe vendimiarse en su totalidad.

Quinto año

Las cepas formadas con dos brazos se podan en invierno igual que el cuarto año, pero ajustando el número de yemas por pulgar en función del vigor.

Las cepas en formación con tres brazos, con el primer y segundo brazos ya formados el año anterior, se podan en invierno de la misma manera, pero ajustando el número de yemas por pulgar según su vigor. El tercer brazo completa su formación en este quinto año, dejando dos pulgares con dos o tres yemas cada uno, según el vigor y la posición de la yema basal para asegurar un buen flujo de savia por la parte inferior de este elemento. Conviene dirigir los tres brazos de forma equilibrada, con un ángulo aproximado de 120º entre ellos.

Las cepas en formación con cuatro brazos se podan en invierno dejando dos pulgares por brazo, con dos o tres yemas cada uno, según el vigor y la posición de la yema basal para asegurar un buen flujo de savia por la parte inferior de este elemento. Conviene dirigir los cuatro brazos de forma equilibrada en la cepa, dejando un ángulo aproximado de 90º entre ellos.

Las cepas con cinco brazos se forman de manera similar a la poda de formación con tres brazos, pero partiendo de cuatro brazos en vez de dos.

En primavera brotan las yemas dejadas en los pulgares y se suprimen los brotes sobrantes cuando están tiernos para evitar cicatrices en la madera y garantizar el vigor y la buena circulación de la savia. También debe tenerse en cuenta la posible brotación de alguna yema ciega, que puede aprovecharse si está bien situada o suprimirse en caso contrario.

En este quinto año, las cepas ya están en plena producción de uva, que debe vendimiarse en su totalidad.

Sexto año y sucesivos

Las cepas formadas con dos, tres y cuatro brazos se podan en invierno como el año anterior, ajustando el número de yemas por pulgar en función de su vigor.

Las vides en formación con cinco o seis brazos, con los cuatro primeros brazos ya formados, se podan igual, ajustando el número de yemas por pulgar según su vigor. El quinto o sexto brazo completa su formación en este sexto año, dejando dos pulgares con dos o tres yemas cada uno, según el vigor y la posición de la yema basal para asegurar un buen flujo de savia por la parte inferior de este elemento. Conviene dirigir los cinco o seis brazos de forma equilibrada en la cepa, con ángulos de 72º para cinco brazos o 60º para seis.

En este sexto año, las cepas ya están en plena producción de uva, que debe vendimiarse en su totalidad.

PRIMER AÑO

SEGUNDO AÑO

TERCER AÑO

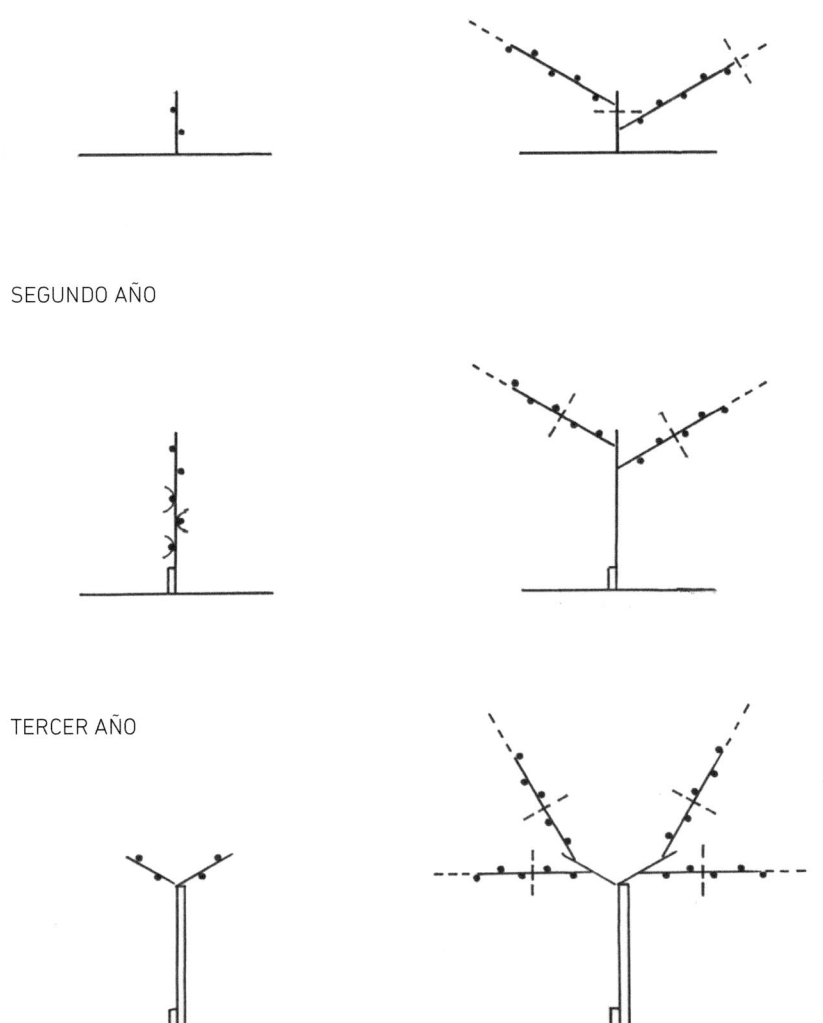

Poda de formación de un vaso de dos brazos: primer, segundo y tercer año (José Hidalgo).

CUARTO AÑO

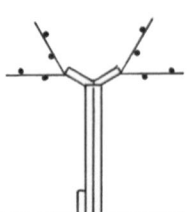
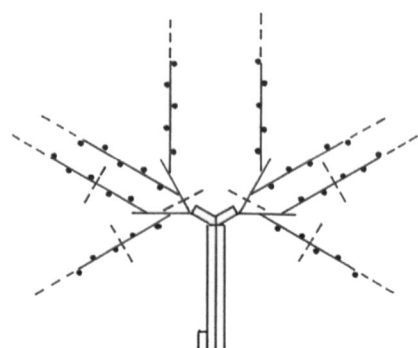

QUINTO AÑO

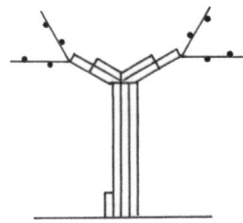

SEXTO AÑO

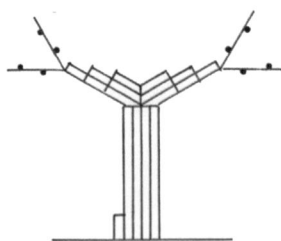

Poda de formación de un vaso de dos brazos: cuarto, quinto y sexto año (José Hidalgo).

PRIMER AÑO

SEGUNDO AÑO

TERCER AÑO

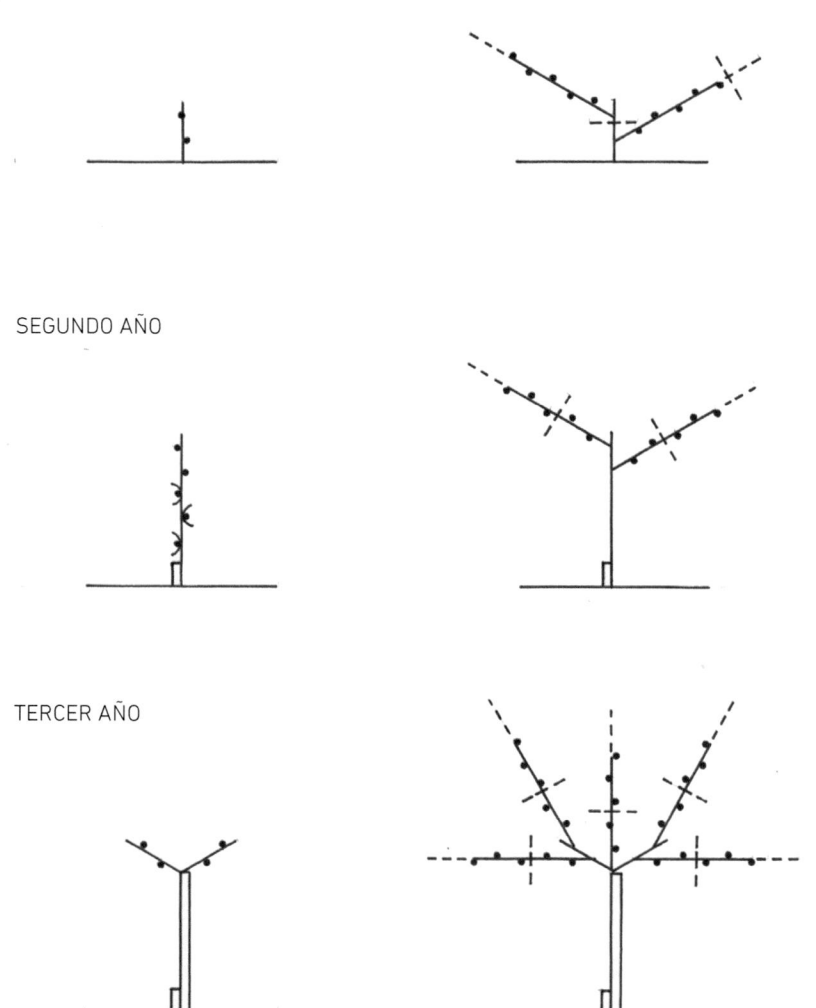

Poda de formación de un vaso de tres brazos: primer, segundo y tercer año (José Hidalgo).

CUARTO AÑO

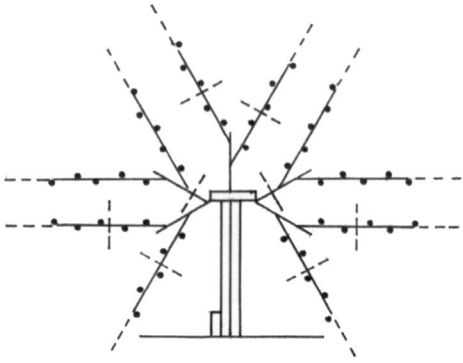

QUINTO AÑO

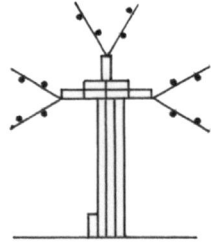

SEXTO AÑO

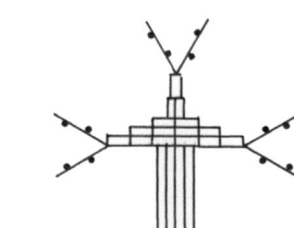

Poda de formación de un vaso de tres brazos: cuarto, quinto y sexto año (José Hidalgo).

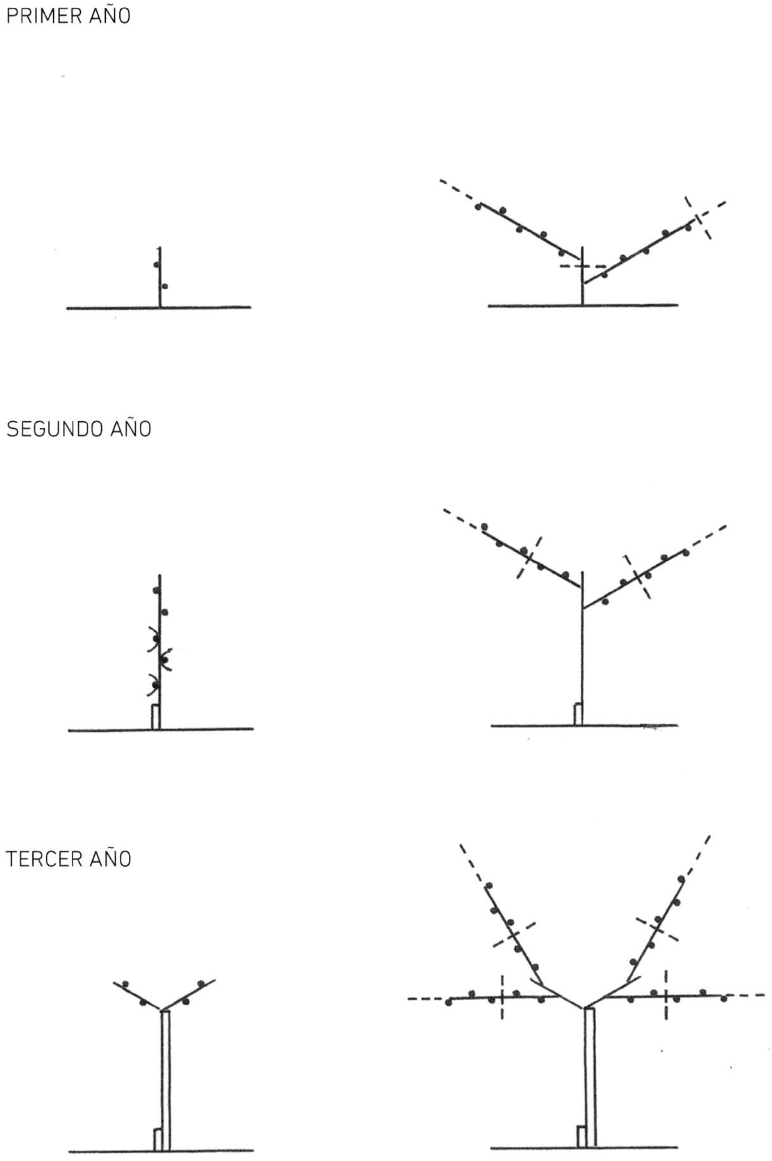

PRIMER AÑO

SEGUNDO AÑO

TERCER AÑO

Poda de formación de un vaso de cuatro brazos: primer, segundo y tercer año (José Hidalgo).

CUARTO AÑO

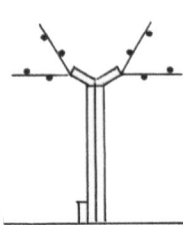

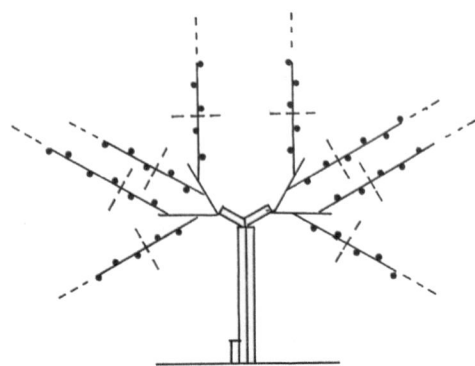

QUINTO AÑO

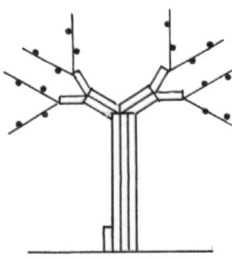

SEXTO AÑO

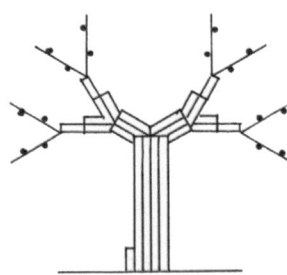

Poda de formación de un vaso de cuatro brazos: cuarto, quinto y sexto año (José Hidalgo).

PRIMER AÑO

SEGUNDO AÑO

TERCER AÑO

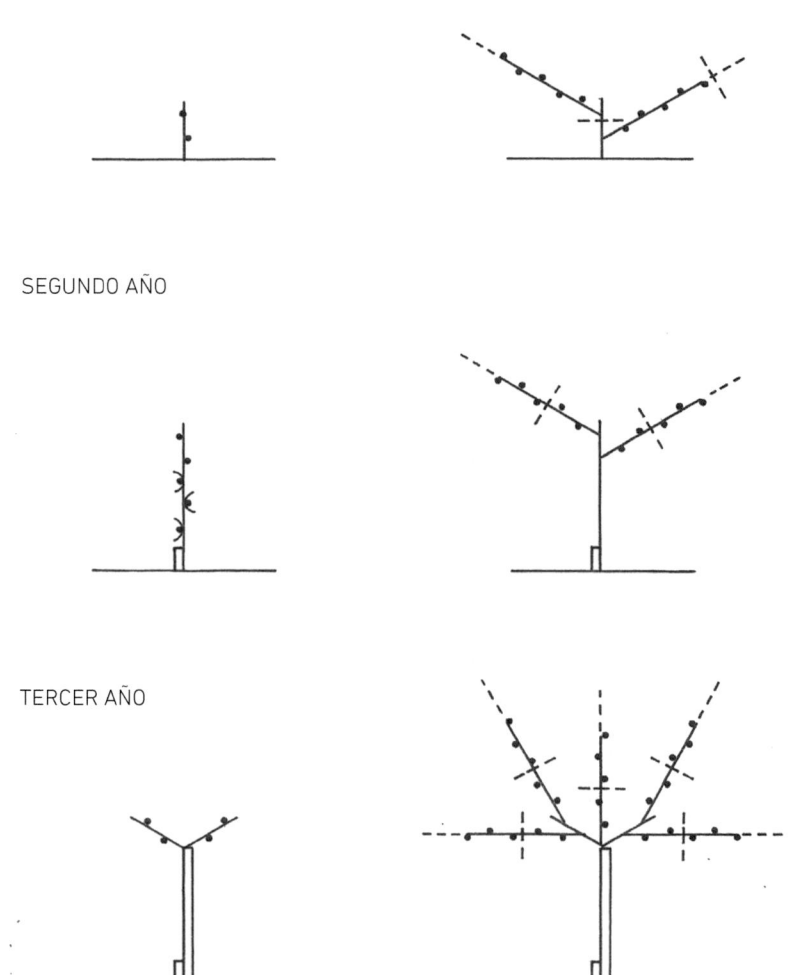

Poda de formación de un vaso de cinco brazos: primer, segundo y tercer año (José Hidalgo).

CUARTO AÑO

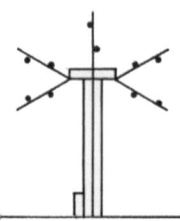

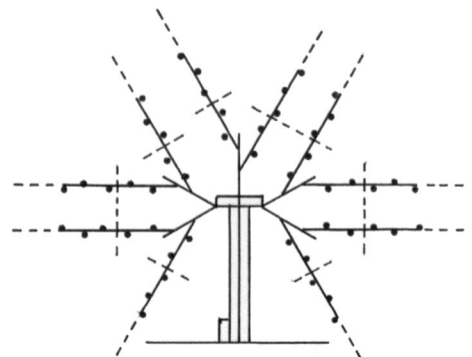

QUINTO AÑO

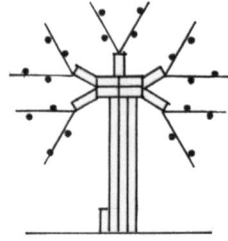

SEXTO AÑO

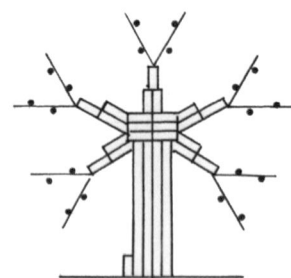

Poda de formación de un vaso de cinco brazos: cuarto, quinto y sexto año (José Hidalgo).

PRIMER AÑO

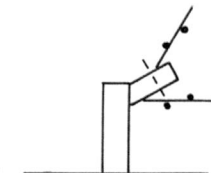 

SEGUNDO AÑO

Conos de desecación

 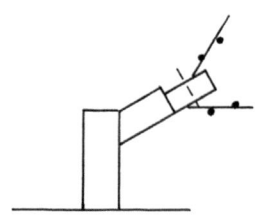 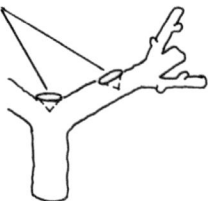

TERCER AÑO

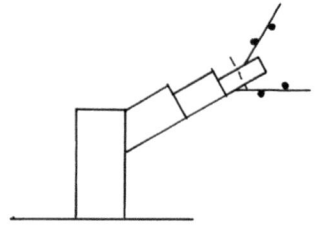 

Forma correcta de poda en un brazo: primer, segundo y tercer año (José Hidalgo).

CUARTO AÑO

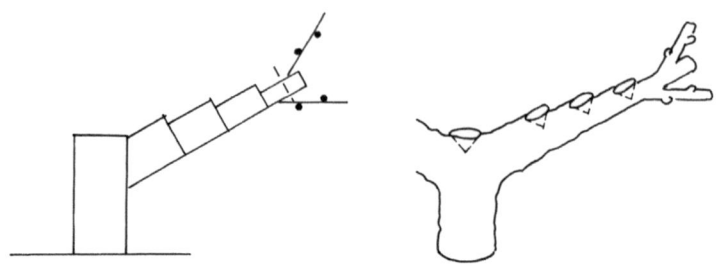

QUINTO AÑO

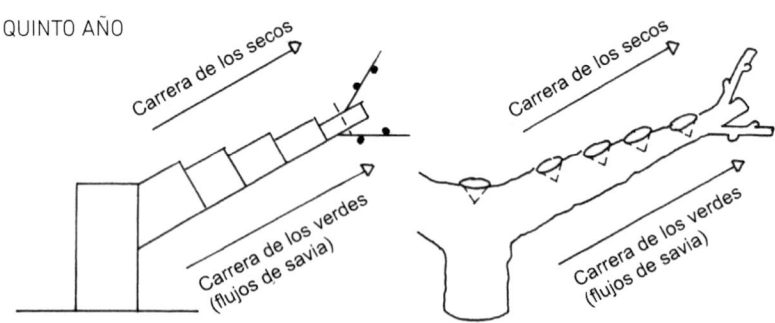

Forma correcta de poda en un brazo: cuarto y quinto año (José Hidalgo).

5 Recuperación de viñedos viejos en vaso

Los síntomas del envejecimiento de los viñedos, expuestos en el apartado 1.1. "El ciclo vegetativo interanual", se manifiestan en el gran tamaño relativo de los troncos, las acusadas diferencias entre los diámetros de injerto y portainjerto cuando hay deficiente afinidad, la excesiva longitud de los brazos en las cepas podadas en vaso, el gran alargamiento de los brazos en las cepas en vaso y de los puestos con pulgares en las podas en cordón, el deterioro general de las heridas de poda con eventual aparición de cárcavas en troncos y brazos, las frecuentes manifestaciones de enfermedades de la madera y la muerte de cepas en el viñedo (fallos o marras). Todo ello va acompañado de un desarrollo radicular cada vez más deficitario y, lo que es más importante, una producción de uva cada vez menor, aunque con un paralelo aumento de la calidad de las cosechas.

Ante este cúmulo de circunstancias, a veces es necesario intentar rejuvenecer o incluso recuperar los viñedos viejos, para obtener una producción de uva razonable junto con una buena calidad.

5.1. Rejuvenecimiento de los brazos

Aunque el alargamiento progresivo de los brazos puede considerarse un factor de envejecimiento de la planta —pues con los años aumenta la distancia desde las raíces hasta los órganos verdes donde se produce la fotosíntesis, mientras disminuye la conductividad por el menor crecimiento anual del anillo vascular—, si las cepas están correctamente podadas y se ha practicado la *poda de respeto*, es decir, que existe una buena circulación de savia desde el tronco hasta los pulgares de producción, la longitud de los brazos no debería suponer un inconveniente y, por tanto, deberían respetarse, salvo que dificultaran de forma significativa las operaciones de cultivo del viñedo. En este caso, el rejuvenecimiento o acortamiento de los brazos puede ser necesario para evitar que un apero de cultivo los rompa y cause una gran herida por la que puedan penetrar organismos patógenos.

Para rejuvenecer o acortar un brazo es imprescindible que aparezca un brote de madera vieja (chupón o espergura) en su parte inferior, procedente de una yema dormida y situado en el flujo de la savia. El viticultor debe observar esta situación para respetar el brote durante las habituales operaciones de espergura del viñedo, sujetándolo al brazo para evitar que se desprenda de la madera.

Durante la poda de invierno se elimina el brazo o parte con un instrumento de corte adecuado a su grosor, alisando la herida si se usa una sierra y tratando el corte inmediatamente con pintura o mastic especial para evitar la penetración de hongos. Nunca se debe cortar el brazo al ras del brote que lo sustituye, sino que hay que dejar una distancia suficiente en forma de tocón para conservar el buen flujo de savia y que el cono de desecación quede por encima del nuevo brazo. Este tocón puede reducirse progresivamente en años sucesivos, siempre protegiendo el corte como hemos comentado.

5.2. Reposición de uno o varios brazos secos, perdidos o mal podados

Este procedimiento se aplica a uno o más brazos perdidos por un accidente de cultivo, una enfermedad de la madera o mala poda durante años, con el objetivo de restablecer un buen flujo de savia.

La operativa es similar al caso anterior, pero el chupón o brote de madera vieja procedente de una yema dormida debe estar situado en el tronco, en una zona de buen flujo de savia y cerca del brazo o brazos por reponer. El viticultor debe observar esta situación para respetar el brote durante las habituales operaciones de espergura del viñedo, sujetándolo para evitar que se desprenda.

La poda del brazo, la protección de la herida causada por el corte y la determinación de la altura del corte siguen las mismas normas citadas en el anterior apartado. Como la pérdida del brazo se debe probablemente a una enfermedad de la madera —que se observa fácilmente si se atiende a lo expuesto en el capítulo 6, "Enfermedades fúngicas de madera en el viñedo"—, se deben tomar todas las precauciones para evitar que la enfermedad se siga extendiendo. Es necesario observar la extensión de la madera afectada para eliminarla de la cepa por *dendrocirugía*, aplicar los tratamientos específicos descritos en ese capítulo y retirar el brazo enfermo del viñedo, preferiblemente quemándolo, para evitar la propagación del inóculo.

Cuando no exista un chupón o espergura de madera vieja por debajo del elemento que se desea renovar (algo bastante frecuente), es posible forzar la brotación de una yema dormida (procedimiento que se explicará a continuación), pues, tal y como se expuso en el apartado 1.6.1. "Yemas y conos que nacen sobre madera vieja (yemas llamadas adventicias)", durante la vida de la planta, algunas yemas pueden quedar sumergidas en la madera y brotar cuando las condiciones son favorables.

Para forzar esta brotación conviene seguir los pasos siguientes: primero se elimina la corteza de la vid en la zona donde se desea que aparezca un chupón, para que la luz favorezca su brotación si existiera una yema dormida. Para eliminar la inhibición hormonal por acrotonía, que impide la brotación, se practica una ligera incisión horizontal con el filo de una navaja por encima de la zona deseada: de 3 a 5 cm de longitud y 1 a 2 mm de profundidad, operación que tiene por objeto frenar el descenso de la savia elaborada y aislar la acrotonía hormonal en esa zona.

En el año 3 a. C., Lucio Junio Moderato Columela, en su obra *De re rustica* o *Los doce libros de agricultura*, ya exponía la forma de inducir la brotación de una yema dormida de madera vieja: "Si ni aún esta se encuentra, se ha de herir la vid con un hierro en aquella parte de donde queremos hacer brotar sarmientos".

Si, en un caso extremo, todos los brazos o cordones están afectados por enfermedades de la madera y la cepa corre un peligro de muerte inminente, se puede reconstruir la totalidad de su parte aérea mediante tres métodos. El primero consiste en aprovechar un chupón o espergura surgido por debajo de un brazo o un cordón muerto, o en la base del tronco, para reconstruir el brazo, el cordón o la totalidad de la cepa afectada, respetando los flujos de las savias. La madera muerta debe ser eliminada, dejando un tocón por encima del brote para mantener la circulación de las savias y evitar la penetración de las enfermedades de madera, tratando inmediatamente el corte con un fungicida o un mastic de cicatrización especial.

El segundo método es una medida desesperada, denominada *renovación forzada*, que consiste en decapitar la cepa por el tronco, cortando desde arriba hacia abajo hasta encontrar madera sana. En este punto, el corte se alisa con una navaja bien afilada y se trata inmediatamente con un fungicida o un mastic cicatrizante. Si no apareciera madera sana, se puede limpiar la madera infectada mediante la operación de dendrocirugía antes citada. Con esta acción se espera que brote una yema dormida y se desarrolle al menos un chupón. Conviene proteger el brote colocando un tubo protector para evitar roturas accidentales o por viento, así como dirigir el brote verticalmente.

La tercera alternativa consiste en intentar realizar un *reinjerto de hendidura*,

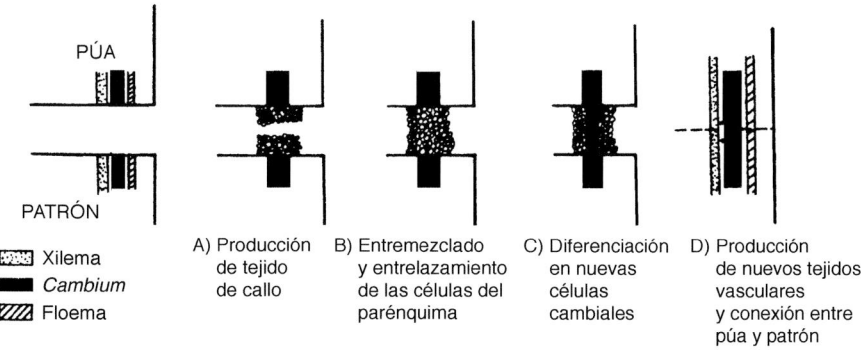

Proceso de soldadura del injerto (Luis Hidalgo y José Hidalgo).

ya sea directamente sobre el patrón de la cepa —generalmente situado por debajo del nivel del terreno—, o sobre la madera de la vinífera originalmente injertada. En primavera se corta el tronco de la cepa siguiendo el método anterior y se realiza un corte vertical en el tocón de 3 a 4 cm de profundidad con ayuda de una cuchilla bien afilada, golpeándola cuidadosamente con un martillo. Este corte debe ser limpio, con paredes lisas y sin producir ninguna astilla o irregularidad. Previamente se preparan una o dos púas de un sarmiento sano del mismo viñedo, cortadas en doble bisel de 3 a 4 cm de longitud, que portan 2 a 3 yemas bien formadas y de 10 a 15 cm de longitud.

Se insertan una o dos púas en los bordes exteriores de la hendidura, asegurándose de que coincidan las zonas del *cambium* del tocón y de las púas. Como ayuda, puede usarse un destornillador para abrir la hendidura y facilitar la introducción de la púa, con cuidado de no romper o desgajar el tocón. Conviene que la primera yema de la púa se oriente hacia el exterior de la cepa para favorecer posteriormente el flujo de las savias. La utilización de hormonas de cicatrización y formación del callo de soldadura es interesante (ácido naftilacético, derivados

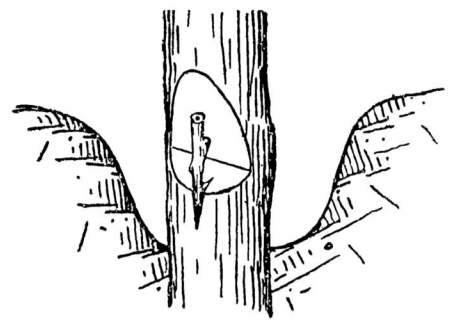

Injerto en muesca sobre cepa vieja
(Juan Marcilla, 1954).

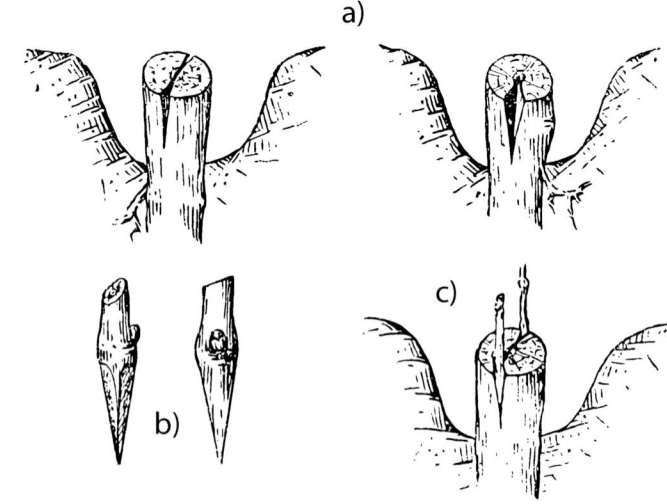

Injerto de púa en una cepa vieja
(Juan Marcilla, 1954)
a) Patrón con muesca doble o sencilla.
b) Púa para el injerto en muesca.
c) Injerto hecho, aún no ligado.

a)

b)

c)

Injerto de púa en hendidura
(José Hidalgo).

yodados o clorados del ácido benzoico, denominado florigan, morfactina, ácido indolbutírico, etc.), así como apretar los bordes del injerto con un atado, aunque, en troncos viejos, esto no resulta necesario por la elevada presión que ejerce la madera. En cualquier caso, es obligatorio proteger las heridas con un mastic de cicatrización especial.

Este injerto debe protegerse para evitar su desecación o posibles daños mecánicos. Si el injerto se realiza en el portainjerto, se entierra para protegerlo; en cambio, cuando se hace más arriba, se usa un tubo protector sujeto al tocón y lleno de tierra húmeda. Además, conviene colocar un tutor para sujetar el brote o los brotes que surjan de las yemas. Cuando el reinjerto se ha realizado directamente sobre el patrón, resulta impres-

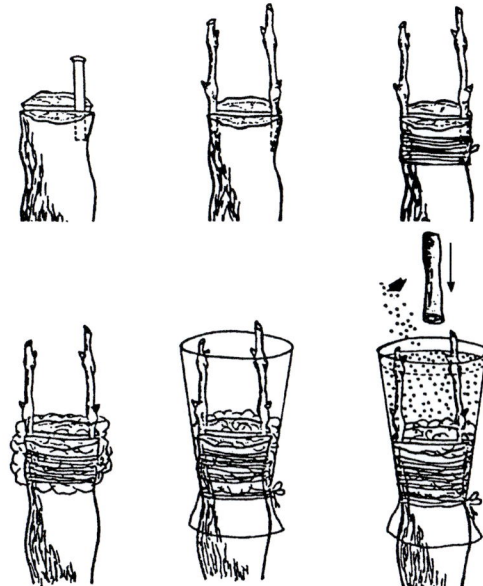

Injertos altos de hendidura simple
(Luis Hidalgo y José Hidalgo).

cindible eliminar las raicillas surgidas de la zona del injerto, así como seleccionar el brote más favorable para la reconstrucción de la cepa y eliminar los demás.

5.3. Rejuvenecimiento de las raíces

Otro aspecto importante que, sin embargo, suele pasarse por alto es la *poda de raíces*. Con esto no nos referimos a la periódica supresión de posibles brotes del portainjerto *(desbarbado)*, sino a una poda real de raíces practicada por algunos viticultores con varios objetivos: activar la formación de raicillas con poder de absorción de agua y nutrientes, descompactar el suelo para permitir su airea-

ción, facilitar una mayor penetración de agua hacia las capas más profundas y permitir que las raíces exploren el terreno en mayor profundidad.

No obstante, en los viñedos viejos, donde se busca obtener una uva de calidad, esta práctica debe realizarse con criterio, pues en ningún caso se deben cortar las raíces para no perder longitud, por el contrario, el objetivo es cortar únicamente las puntas para activar la formación de nuevas raicillas con capacidad de absorción de agua y nutrientes. Para realizar esta operación se utiliza un *subsolador* de una sola púa o de tres, con las dos laterales más cortas, que se pasa por el centro de las calles del viñedo, justo donde las raíces entran en competencia con las cepas vecinas. Esta labor se realiza en

Subsolador de una púa de un metro de longitud arrastrado por un tractor oruga (José Hidalgo).

años alternos por calles diferentes. En el subsolador de tres púas, las laterales descompactan las zonas endurecidas por el paso de las ruedas del tractor.

5.4. Injertos de raíz

Estos métodos tienen como finalidad sustituir el sistema radicular de las cepas tanto en viñedos francos de pie como en plantaciones establecidas con portainjertos inapropiados. A continuación, describiremos el *injerto de hendidura ordinaria* y el *injerto auxiliar con barbado de costado*, realizados ambos en primavera. Aunque también se han propuesto, con peores resultados, el *injerto de púa de dos yemas* y el *de escudete*, hechos en la segunda savia de agosto de forma usual, pero en puntos más profundos del tronco del patrón para que formen raíces en lugar de brotes.

En el *injerto de hendidura ordinaria* se descabeza el tronco de la planta a bastante profundidad, unos veinte o más centímetros por debajo del nivel del suelo, haciéndole una hendidura diametral para insertar la púa.

La púa puede proceder de un sarmiento de la planta elegida para el nuevo sistema radicular, que se prepara con cuatro o cinco yemas y se corta inferiormente en cuña, o de un barbado con el sistema radicular deseado e injertado de vinífera, igualmente preparado en cuña por su base, al que se le suprimen las raíces terminales, se poda a dos yemas, y se conservan las raicillas del patrón, que se sitúan a lo largo del mismo.

Una vez preparada la púa, se introduce lateralmente en la hendidura del tronco descabezado, dejando las dos últimas yemas fuera del nivel del terreno (injerto parcial) y atándola fuertemente. Si el patrón, por su tamaño y dureza, no permitiese la penetración de la púa, se debe recurrir al *injerto de hendidura vaciada*. A continuación, se rellena con tierra el hueco abierto en el suelo para realizar el injerto bajo y se aporcan las dos últimas yemas.

Cuando se inicia el período vegetativo, se franquean las partes enterradas de la púa; en el caso del barbado injertado, también se desarrollan las raíces laterales conservadas, que coexisten con las raíces

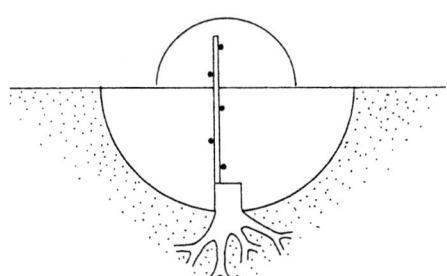

Injerto de hendidura ordinaria

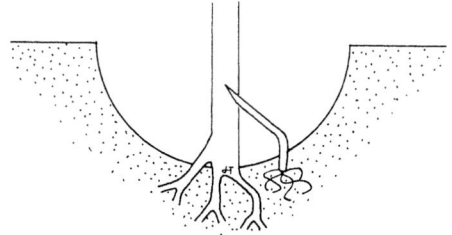

Injerto auxiliar con barbado de costado

Injertos de raíz (Luis Hidalgo y José Hidalgo).

primitivas. Brotan las yemas terminales aporcadas y, de manera simultánea, se consolida el injerto.

Si la injertación del tronco se hizo con púa proveniente de un barbado injertado, la transformación está terminada; sin embargo, si se utilizó púa de sarmiento, será preciso injertar posteriormente la vinífera.

En el *injerto auxiliar con barbado de costado* se prepara un barbado de la planta elegida para el nuevo sistema radicular; para ello se suprime su parte brotada y se le da forma de cuña mediante dos cortes.

Se descabeza la cepa y se le hace, por debajo del nivel del suelo, una hendidura lateral de abajo arriba. En esta hendidura se introduce la cuña del barbado, que previamente se ha enterrado casi verticalmente al lado del tronco de la cepa. Después se ata fuertemente el injerto y se cubre con tierra. Finalmente, la cepa se poda con carga reducida.

En el siguiente ciclo vegetativo se pretende que el barbado enraíce y forme un nuevo sistema radicular, al tiempo que se suelda el injerto. Durante este período, brotan las yemas de la parte aérea de la cepa, se consolida el injerto y coexisten ambos sistemas radiculares. Sin embargo, en años sucesivos, el sistema antiguo irá decayendo mientras el nuevo se desarrolla progresivamente, puesto que está mejor adaptado al medio y es más resistente a las plagas, razón por la cual fue elegido para realizar el injerto.

En el *injerto de hendidura ordinaria*, la producción de uva se anula; no obstante, la nueva entrada en producción será rápida porque dispone del sistema radicular antiguo en decadencia y del nuevo en desarrollo creciente. Por el contrario, con el *injerto auxiliar con barbado de costado* no se anula nunca la producción, sino que aumentará progresivamente gracias al nuevo sistema radicular.

5.5. Viñedos abandonados

Cuando un viñedo se abandona, la vegetación espontánea invade rápidamente toda la superficie del terreno, de modo que entra en competencia directa con las vides por el agua y los nutrientes del suelo, lo que ocasiona una pérdida de vigor en las cepas progresiva e importante.

Por otra parte, al dejar de podar el viñedo, las vides se asilvestran y extienden su vegetación por el terreno de forma rastrera, con sarmientos muy finos, con hojas y racimos de pequeño tamaño, y, además, se tornan veceras. Esta situación, unida a la competencia de la vegetación espontánea, provoca que las cepas mueran progresivamente hasta que desaparece el cultivo de la vid.

Sin llegar a estos extremos, un viñedo abandonado puede intentar recuperarse; la tarea será más fácil cuanto menor sea el tiempo de abandono.

Lo primero que hay que hacer en invierno es realizar una poda severa de las vides para intentar formar de nuevo las cepas según su anterior sistema de conducción, así como despejar el terreno de los brotes silvestres. A continuación,

Viñedo en vaso abandonado en Rioja Alta (Martín Onzain).

debe eliminarse toda la vegetación espontánea del terreno no solo en las calles del viñedo, sino también bajo las cepas; esta limpieza puede precisar incluso un trabajo manual.

Resultará difícil retornar el primer año al sistema de conducción original, pues seguramente no habrá sarmientos situados en posición favorable para hacer esta operación, por tanto, habrá que esperar algún año más para formar las cepas, aprovechando nuevos brotes o chupones de madera vieja procedentes de yemas dormidas.

Una vez ordenado el cultivo, será necesario realizar una buena fertilización para que las vides recuperen vigor y rea-

nuden su ciclo productivo. También deben realizarse las operaciones de cultivo necesarias, incluidos los tratamientos fitosanitarios adecuados.

Como el número de fallos o marras en la plantación será importante, solo quedaría abordar la reposición de las vides muertas o los huecos existentes en el viñedo, siguiendo las normas expuestas en el siguiente apartado.

5.6. Reposición de marras. Mugrones

Con el paso de los años aparecen en los viñedos *fallos, faltas* o *marras*, es decir, plantas que han muerto por diversas circunstancias, siendo las enfermedades de la madera la causa principal. Estos fallos provocan un descenso progresivo de la producción del viñedo hasta que el valor de la cosecha no compensa los costes de cultivo; llegado a este punto, el viticultor se plantea su arranque, salvo que la singularidad o calidad del viñedo aconsejen conservarlo.

La *reposición de fallos, faltas o marras* trata de evitar esta situación. Aunque en teoría parece sencillo plantar nuevas vides en los espacios vacíos, en realidad se trata de una operación no exenta de dificultades. Por una parte, cuando muere una cepa, el sistema radicular de las cepas vecinas invade rápidamente el espacio liberado y compiten con las nuevas plantas; en consecuencia, las raíces de las vides ya establecidas suelen impedir el desarrollo de las recién plantadas.

La reposición de marras se realiza de forma manual, aunque existen ciertas ayudas mecánicas que la facilitan. Esta operación conlleva un coste considerable, pues, además de la plantación en sí, las nuevas vides requieren cuidados posteriores imprescindibles para tener éxito.

En primer lugar, se deben identificar y marcar las vides afectadas para después arrancarlas con una pequeña retroexcavadora en los meses previos a la replantación y antes de podar. Conviene dejar el hoyo abierto durante unas semanas y cortar todas las raíces de las cepas vecinas que hayan penetrado en él. Los restos de madera y raíces de las plantas arrancadas deben quemarse para evitar infecciones.

Algunos viticultores espolvorean, además, un puñado de cal viva en el hoyo.

A continuación, se termina de hacer un buen hoyo con la retroexcavadora o con una ahoyadora de hélice, evitando compactar las paredes del hueco, sobre todo en suelos arcillosos, para prevenir el *efecto tiesto*, que dificulta el desarrollo radicular de las nuevas plantas. Antes de colocar los injertos, se añade tierra vegetal o fertilizante al hoyo; luego se compacta la tierra cuidadosamente hasta eliminar todas las bolsas de aire y garantizar el contacto entre las raíces y el suelo.

En cualquier caso, conviene regar las nuevas plantas para compactar la tierra añadida alrededor de las raíces; esto reduce algo su altura y forma una especie de alcorque que facilitará la acumulación de agua alrededor de la nueva planta en riegos posteriores. Si no se dispone de un sistema de riego establecido, se utilizará una cuba arrastrada por un tractor. En los meses de mayo y julio se añadirán a cada planta 6 mililitros de un nematicida (Nemacur 20) diluidos en agua, aplicándolos cerca de las raíces para evitar dañarlas.

Finalmente, se coloca un tutor o piquete bien hincado y un tubo de protección. Estas plantas deben pulverizarse individualmente empleando una mochila durante los tratamientos fitosanitarios del viñedo. Además, conviene retirar de manera periódica el tubo protector para eliminar los brotes inadecuados y las malas hierbas.

También debe preverse que las plantas necesiten dos o tres riegos durante los

Fallo o marra repuesta en un viñedo bajo en vaso en Rioja Alta (José Hidalgo).

días más cálidos del verano, por lo que se debe de contar con una cuba de agua arrastrada por tractor o disponer de un dispositivo de riego.

Asimismo, se debe examinar al menos dos veces el desarrollo de cada vid plantada para eliminar manualmente los pámpanos innecesarios y favorecer el desarrollo de uno o dos brotes. Es fundamental recordar que las nuevas viñas compiten con las cepas vecinas, por lo que se debe favorecer su desarrollo por todos los medios.

Estas nuevas plantas empezarán a producir uva entre el segundo y tercer año, y estarán en plena producción en el cuarto año. No obstante, resulta habitual que no todas las vides plantadas arraiguen correctamente; esto obliga a actuar del mismo modo al año siguiente, e incluso al otro, con aquellas plantas que no hayan prosperado, aunque este trabajo será menos laborioso que el primer año.

Como observación final, se aconseja reponer únicamente las marras que el viticultor pueda atender adecuadamente, pues, con frecuencia, las reposiciones se hacen de manera correcta pero no arraigan debidamente por falta de cuidados. Por tanto, es preferible reponer solo los fallos que puedan ser debidamente atendidos, por esta razón, en viñedos extensos, esta reposición deberá planificarse en varios años en lugar de ambicionar una reposición completa que podría fracasar por falta de atención.

Una alternativa a la reposición de marras es el uso de acodos o mugrones en los espacios vacíos del viñedo. La técnica del *amugronado*, antiguamente utilizada para prolongar la vida productiva de los viñedos viejos, consiste en bajar un sarmiento de suficiente longitud o *mugrón* hasta el suelo, enterrando su punta o acodándolo hasta que emita raíces; de este modo, el mugrón contribuye a captar más recursos del medio y aumenta el vigor y la producción de la *cepa madre*. En esta situación se produce un equilibrio entre las nuevas raíces superficiales —vulnerables a la filoxera— y las antiguas raíces más profundas, en muchas ocasiones procedentes de portainjertos resistentes a esta plaga.

Antiguamente, cuando no existía la filoxera, la nueva vid se separaba de la cepa madre mediante un corte denominado *destete*.

Sin embargo, siempre resulta preferible la replantación al amugronado en

Cepa vieja con un mugrón en Sojuela (Rioja) (José Hidalgo).

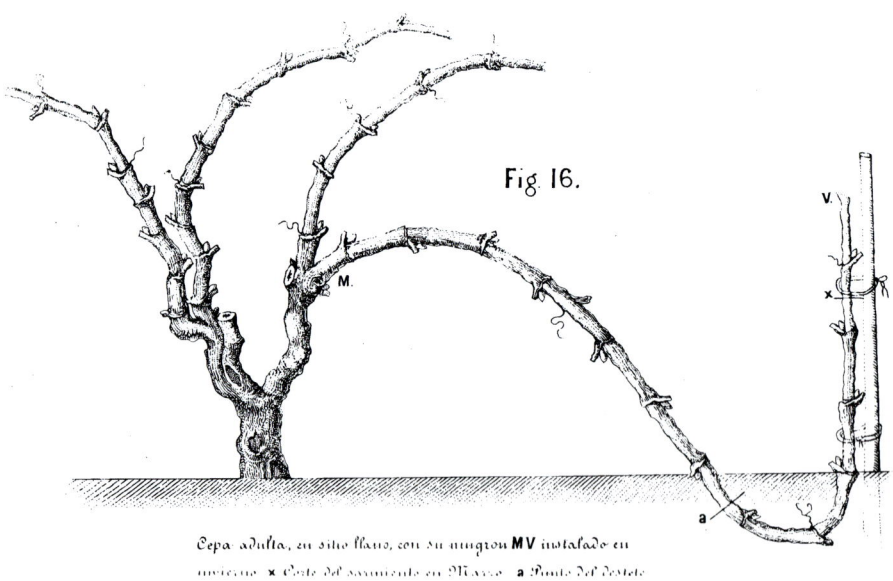

Cepa con mugrón antes de la filoxera (Buenaventura Castellet, 1868).

viñedos con marras, pues los acodos dificultan significativamente el cultivo del suelo vitícola. No obstante, su presencia en los antiguos viñedos resulta estética como testimonio del buen hacer del viticultor.

5.7. Notas históricas

Lucio Junio Moderato Columela en su obra *De re rustica* o *Los doce libros de agricultura*, en el capítulo XXII del libro cuarto, que trata sobre "Cómo se han de renovar las viñas viejas", dice lo siguiente:

> Pero si hubiéramos adquirido viñas formadas de otra manera, y por haber estado descuidadas muchos años hubieren subido más arriba del yugo, se deberá examinar de qué largo son los brazos que pasan de dicha medida. Porque si fueren de dos pies o poco más, se podrá poner todavía en el yugo toda la viña, con tal de que su estaca esté aplicada al mismo tronco: pues aquella se desvía de la vid, y se clava en la tierra sobre el mismo liño en el espacio que media entre dos de sus brazos: después de lo cual, ladeando la vid, se conduce a la estaca, y de esa manera se ata al yugo. Pero, si sus brazos se alargaren mucho más, o se extendieren hasta la cuarta, o aun hasta la quinta estaca, se restablecerán, pero con mayor gasto, por medio de mugrones; pues por este medio, que es muy de nuestro gusto, se propagará la viña con mucha prontitud.
>
> Sin embargo, si la superficie del tronco está vieja y corroída, exige esto mayor trabajo: pero está robusta y ente-

ra, con menos hay bastante. Porque, después de haber excavado la vid, se le echa en el invierno mucho estiércol, se la poda corto, y entre los tres a cuatro pies de altura sobre la tierra se le hace una herida con la punta de la podadera en la parte más verde de la corteza. Enseguida se voltea la tierra con frecuentes cavas, para que pueda excitarse la vid, y arrojar renuevos, sobre todo por la parte que ha sido herida. Pero muchas veces sale un germen de la cicatriz que, si crece mucho, se deja para vara, si se queda más corto, para pulgar, y si es demasiado pequeño, para alarife: este último se puede formar, aunque sea del más corto filamento. Pues, cuando ha brotado de lo duro un sarmiento, aunque no tenga más que una o dos hojas, con tal que llegue a madurar, si no se ha cortado ni escamondado en la primavera siguiente, dará un sarmiento recio el cual así que se ha consolidado y formado cierta especie de brazo, se puede cortar la parte del duramento que había subido sobre el yugo, y atar a él la que queda.

Muchos, con la mira de ahorrar tiempo, desmochan esta clase de vides por más arriba de cuatro pues sobre la tierra, sin temer nada de este corte: porque de ordinario la mayor parte de las plantas se presta naturalmente a echar nuevos brotes por junto a la cicatriz. Pero nosotros a la verdad no aprobamos este método: pues que una herida muy grande si no tiene por encima madera sana por cuyo medio pueda consolidarse la cicatriz se deseca bien pronto con el calor del sol, y después se pudre con los rocíos y las lluvias. Sin embargo, cuando hay precisión de cortar absolutamente una vid, conviene excavarla primero, y en seguida cortarla un poco por bajo de tierra, para la que se le eche por encima la ponga al abrigo del calor del sol, y de paso a los retoños que saldrán de las raíces, a fin de que puedan maridarse con sus apoyos, o si hay algunos desocupados en la inmediación, cubrirlos con sus mugrones. Pero esta operación no debe hacerse (como hemos dicho) si las vides no están puestas bien hondas, de suerte que no tengan la raíces vacilando en la superficie, y si no fueran de buen vidueño: pues de otra suerte se emplea el trabajo en valde: porque las degeneradas, aunque se hayan renovado, conservarán su antigua calidad, y las que apenas estarán asidas a la superficie de la tierra, perecerán antes de tomar fuerza. En el primer caso será mejor injertarlas con púas fructuosas, y en el segundo arrancarlas de cuajo y plantar otras nuevas, con tal que la bondad del suelo lo per-

suada; pero, si se han deteriorado por vicio de este, no creemos que se deban restablecer de modo alguno.

Los vicios del terreno, que por lo común llevan las viñas a su destrucción, son la poca sustancia y esterilidad, la tierra salada o amarga, la humedad, la situación despeñada y escarpada, la muy sombría y privada de los rayos del sol, los valles arenosos, la toba también arenosa, la arena gruesa más estéril de lo regular, y no menos el cascajo sin tierra y puro, y si hay alguna tierra de propiedades semejantes a estas que no suministran alimento a la vid. Pero, si está libre de estas incomodidades y otras semejantes, se puede arrancar y plantar de nuevo del modo señalado. Por el contrario, los viñedos de mala especie, que por su esterilidad carecen de fruto, aunque estén robustos, se corrigen (como hemos dicho) por la incisión de un injerto.

6 Enfermedades fúngicas de la madera en el viñedo

En los últimos años, el sector del vino muestra una creciente preocupación por la imparable progresión de las enfermedades de madera producidas por hongos (criptogámicas) en prácticamente todos los viñedos del mundo, cuyas consecuencias pueden ser desastrosas a medio plazo.

Hasta hace poco, las enfermedades de la madera producidas por hongos se consideraban exclusivas de los viejos viñedos, como si fueran una enfermedad degenerativa que se manifestaba únicamente en los países de antigua tradición vitivinícola. Si bien esto es parcialmente cierto, pues, en los países del Viejo Mundo, estas enfermedades afectan a un elevado porcentaje de viñedos, en los países vitícolas nuevos o relativamente nuevos, el problema empieza a resultar alarmante.

Resulta muy difícil establecer el alcance de los viñedos afectados por estas enfermedades, ya que los síntomas aparecen cuando la infección se encuentra avanzada y las vides están prácticamente muertas; además, la infección puede permanecer oculta y sin síntomas externos durante la fase de infección inicial. Algunos autores estiman que, en los países europeos, entre el 10 y el 15 % de las vides están enfermas. Esta cifra resulta muy preocupante, dada la facilidad de transmisión de estas enfermedades a las vides sanas y la dificultad en la aplicación de tratamientos curativos eficaces.

En un viñedo, no todas las vides se ven afectadas por igual, sino que coexisten cepas sanas con vides enfermas (con o sin síntomas exteriores), e incluso con cepas muertas que permanecen en el terreno o desaparecen, dejando huecos en la plantación denominados, como hemos visto, *fallo, falta* o *marra*. Este panorama se agudiza a medida que el viñedo envejece hasta llevar a una situación económicamente insostenible, que obliga al propietario a arrancar y, eventualmente, replantar el viñedo.

Los viticultores, conocedores de la gran calidad de uva que generalmente atesoran los viñedos viejos, intentan —y a veces lo consiguen— salvar el viñedo mediante la reposición de las marras y, además, evitar que las enfermedades de la madera infecten nuevas vides, así logran un equilibrio o convivencia con la enfermedad.

La mayor parte de estas enfermedades se originan por la penetración de hongos a través de las heridas de poda, por lo que en estos viñedos debe practicarse la técnica denominada *poda de respeto*, descrita en el apartado 3.7, con el fin de evitar su propagación.

Además de las enfermedades producidas por hongos, existen otras patologías que también pueden afectar a la madera; no obstante, por su extensión y por no originarse en los trabajos de poda, no las trataremos en este libro. Se trata de enfermedades causadas por bacterias, fitoplasmas y virus, como, por ejemplo: enfermedad de Pierce o flavescencia dorada; necrosis bacteriana, también llamada enfermedad de Oléron o mal negro; tuberculosis de la vid; madera negra, y diferentes variantes de virosis: entrenudo corto infeccioso, enrollado, jaspeado, madera rizada y corteza acorchada, entre otras.

Dependiendo de la edad del viñedo, las enfermedades fúngicas de la madera se desarrollan por la acción de diferentes hongos patógenos:

Viña joven (< 8 a 10 años)

— Pie negro
— Enfermedad de Petri
— Decaimiento por *Botryosphaeria* (BDA)
— Podredumbre de raíz

Viña adulta (> 8 a 10 años)

— Yesca
— Eutipiosis
— Decaimiento por *Botryosphaeria* (BDA)

6.1. Yesca

Se conoce también como *apoplejía, parasitaria, acedo, llampa, escalda, feridura* y *gangrena*. En Estados Unidos se denomina *black measles*, en Francia, *esca*, en Italia, *escha*, y en Grecia, *iska*.

A) Agentes productores de la enfermedad

Stereum hirsutum (Willd.) Familia *Steraceae*.
Phellinus igniarius Fr. Clase *Eumicetos*, subclase *Basidiomicetos*, familia *Poliporáceos*.

Parece ser que los hongos patógenos del género *Phaeoacremonium* sirven de pioneros para el desarrollo de la infección, preparando la madera para que los hongos *Stereum hirsutum* y *Phellinus igniarius* puedan atacarla y deteriorarla.

B) Ciclo biológico

Los hongos penetran por las heridas de poda u otras lesiones húmedas y recientes, donde germinan las esporas procedentes de otras cepas afectadas o madera muerta del viñedo, arrastradas por el viento o también transportadas por los instrumentos de poda u otros aperos. Desde allí prosperan hacia el cilindro central de brazos y tronco de la vid, abriéndose camino mediante una enzima oxidasa que segrega el hongo; esta enzima actúa sobre los polifenoles de la madera y produce una zona amarilla que

Carpóforos de yesca en una vid infectada
(Wikipedia).

posteriormente se ennegrece, y se produce entonces la invasión.

El hongo avanza por el interior de los brazos y del tronco, siempre sin salir al exterior, ya que el aire y la luz inhiben su desarrollo. Al destruir los vasos conductores, provoca que se seque el brazo afectado o la totalidad de la cepa si la enfermedad alcanza y afecta completamente al tronco principal.

En regiones cálidas puede llegar a producir *carpóforos* en forma de pequeñas mesetas perpendiculares a la corteza sobre la madera muerta; bajo estas se forman los *basidios,* que llevan cuatro *esporas.*

Las esporas que producen la infección pueden provenir de los carpóforos, aunque esto es poco frecuente, siendo más común que procedan de *esclerocios* formados por cordones miceliares en la masa de los tejidos muertos descompuestos.

C) Sintomatología y daños

Es frecuente que los síntomas comiencen en uno o varios brazos, por los que penetra el hongo. Las hojas reflejan la dificultad de circulación en los períodos más secos o después de la floración, con decoloraciones entre los nervios y los bordes, amarillentas en las variedades blancas y rojizas en las tintas, que se unen y secan en el centro. Las hojas se terminan cayendo y los racimos pueden llegar a secarse. Ocasionalmente pueden aparecer manchas azuladas o negras sobre las bayas.

En un corte transversal de un brazo o tronco afectado por la enfermedad se observa, a partir de la herida, una masa esponjosa y blanda de madera alterada de color amarillo sin almidón, mezclada con filamentos de micelio ramificados. En toda la periferia aparece una banda de madera de color marrón oscuro por donde avanza la enfermedad en progresión centrífuga; esta zona se colorea por la enzima oxidasa que segrega el hongo. Resulta frecuente la aparición de esperguras y chupones en las partes bajas del tronco, donde la madera todavía no ha sido afectada.

Si la enfermedad está más avanzada y coincide con temperaturas muy altas, que provocan un desequilibrio entre la transpiración y el ascenso de la savia bru-

Planta de vid con síntomas de yesca en un brazo (*Las Provincias*).

Síntomas avanzados de yesca en hojas (J. L. Pérez Marín).

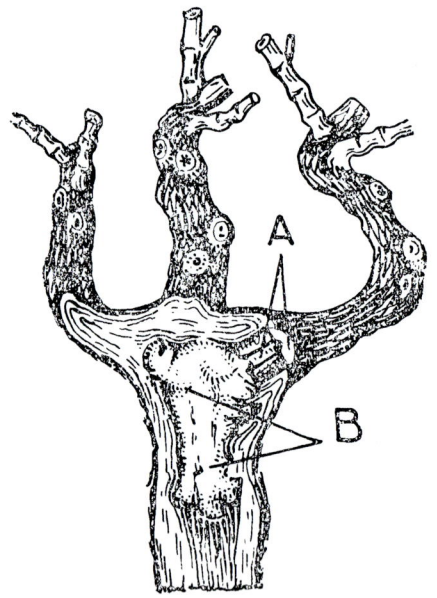

ta, dificultado por los vasos destruidos, puede producirse la apoplejía de forma rápida e inesperada, secándose la cepa total o parcialmente.

Los síntomas de la yesca pueden confundirse con los de algunos ataques de parásitos y otras alteraciones no parasitarias, como los siguientes:

Cepa atacada de apoplejía, aserrada a lo largo del tronco (Juan Marcilla, 1955).

a) Herida de poda en madera vieja por la que penetró el hongo.

b) Masa esponjosa, como yesca, formada por el hongo en el interior de la madera.

Síntomas de yesca en un corte transversal de un tronco de vid (Centro de Sanidad y Certificación Vegetal. Gobierno de Aragón).

— Eutipiosis *(Eutypa armeniacae)*: madera de coloración más oscura y consistencia más dura que la yesca.

— Podredumbres de raíz *(Armillaria y Rosellinia):* muerte rápida de la cepa similar a la yesca, pero las raíces se presentan podridas y con olor a moho, recubriéndose exte-

riormente de filamentos blanquecinos *(Rosellinia)* y por debajo de la corteza *(Armillaria)*.

— Mosquito verde *(Empoasca vitis):* provocando en las hojas manchas angulosas que penetran hacia el interior respetando los nervios, y sin provocar la muerte de las cepas afectadas por esta plaga.

D) Factores externos que influyen en la enfermedad

La infección se ve favorecida por las heridas grandes de poda y por la mayor edad del viñedo; su desarrollo es más rápido en la primavera, cuando la intensa

Síntomas de yesca en un corte longitudinal de un tronco de vid (Bodegas Comenge).

Cepa con yesca, abierta para combatir el hongo al aire (José Hidalgo).

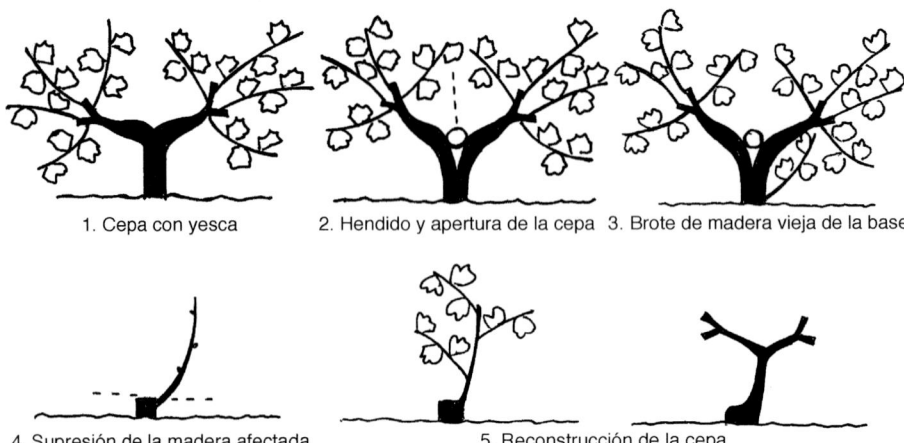

1. Cepa con yesca   2. Hendido y apertura de la cepa 3. Brote de madera vieja de la base

4. Supresión de la madera afectada   5. Reconstrucción de la cepa

Tratamiento de una cepa afectada de yesca (José Hidalgo).

circulación de la savia facilita la difusión de la enzima oxidasa.

En un foco de infección se deberán extremar las precauciones cuando en el viñedo haya cepas atacadas. Se aconseja podarlas primero, retirar y quemar la madera y, antes de continuar el trabajo, desinfectar las herramientas. Cuando las cepas afectadas son pocas, lo mejor es arrancarlas y quemarlas.

E) Medios de lucha

Se siguen las recomendaciones citadas en el apartado 6.5. "Otras enfermedades fúngicas de la madera". En el caso específico de la yesca, se practica un gran corte en la cruz de la cepa para impedir que la herida cierre, así, la entrada de aire desorganiza los micelios del hongo. Este corte puede ser realizado con un hacha o preferiblemente con una pequeña motosierra por su mayor precisión. Esta técnica, denominada *dendrocirugía*

o *curetage*, consiste en exponer los tejidos afectados al aire, eliminar la madera enferma y realizar un tratamiento localizado con peróxido para destruir el hongo.

El tratamiento de las cepas infectadas de yesca podadas y durante el reposo invernal puede ser eficaz mediante la aplicación de peróxido diluido al 20-25 %; asimismo las cepas sanas pueden tratarse de manera preventiva con el mismo producto diluido al 1,5 %. Algunos viticultores (como David Lefèvre) opinan que una cubierta vegetal de crucíferas puede ayudar en el control de la yesca.

6.2. Eutipiosis

Las primeras noticias de esta enfermedad se registraron al sur de Australia sobre albaricoqueros (Adams, 1938) bajo el nombre de *gummosis* o *die-back*. Más tarde fue detectada (Carter, 1957) en el valle de Barossa del mismo país, donde

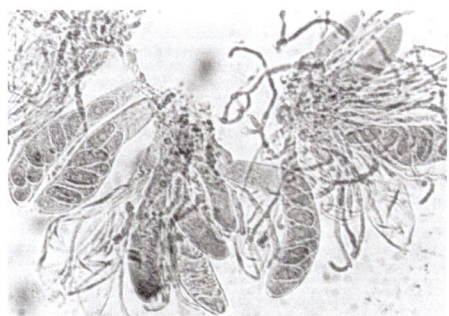

Ascas y ascosporas de eutipiosis (P. Galet).

Hansford identificó el hongo patógeno responsable. Posteriormente, la enfermedad apareció en viñedos de California (Moller, 1968) y finalmente en los viñedos europeos de Languedoc y Roussillon en Francia (Bolay, 1977), donde en un principio se confundió con la enfermedad de la yesca.

A) Agente productor de la enfermedad

El responsable de la enfermedad es un hongo de la familia *Valsaceae:* bajo su forma picnídica corresponde a *Cytosporina* sp. y bajo su forma ascospórica a *Eutypa armeniacae,* Hansf. y Carter.

Peritecas de eutipiosis formadas sobre madera muerta (P. Galet).

B) Ciclo biológico

La infección se origina a partir de *peritecas,* formadas sobre madera atacada y muerta, que producen *ascosporas*; estas son expulsadas durante la lluvia y arrastradas por el viento hasta 50-60 km de distancia. Una vez iniciada la formación de *esporas,* el *estroma* puede mantenerse fértil durante varios años.

Las *ascosporas* penetran en la cepa a través de las heridas de poda o fortuitas por accidentes de cultivo, germinando entre 1 y 45 ºC, con un óptimo de 22-25 ºC; necesitan una humedad relativa elevada (al menos del 90 %) o agua líquida.

Necrosis sectorial por eutipiosis en un corte transversal de madera (Innovagri).

Madera atacada por eutipiosis en una sección longitudinal de un tronco, que penetra por una herida de poda y se desarrolla hacia abajo (P. Galet).

Síntomas externos de eutipiosis en el brazo de una cepa (Innovagri).

C) Sintomatología y daños

En la madera atacada, el hongo penetra, a través de la herida, hacia el interior de la planta, brazos y tronco, y forma una cuña de color marrón más o menos oscuro que contrasta con el blanco pajizo de la madera sana circundante, puede llegar incluso a penetrar en el portainjerto. Si el ataque se inició en un brazo o cordón, estos presentarán un desarrollo raquítico: pámpanos débiles, entrenudos cortos, hojas cloróticas, pequeñas y deformadas, con necrosis marginales en casos graves, mientras que los demás brazos o cordones presentan un desarrollo normal hasta que son alcanzados por la infección. Los racimos afectados sufren un fuerte corrimiento y pueden llegar a desaparecer. Resulta frecuente la aparición de esperguras y chupones en las partes bajas del tronco, donde la madera aún no ha sido afectada.

D) Factores externos que influyen en la enfermedad

Las podas defectuosas con grandes heridas, los rebajes, la permanencia de restos de madera de poda en el viñedo y, sobre todo, el arranque de antiguos viñedos afectados son factores que originan o favorecen la infección.

Como las peritecas necesitan agua para desarrollarse, las infecciones alcanzan su máximo en otoño, descienden al final de la estación y parte del invierno, para volver a ascender en primavera. Durante el verano, las infecciones son nulas por la escasez de precipitaciones.

Existe un mayor peligro de infección con podas tempranas, porque la sensibilidad de las heridas disminuye desde el comienzo del invierno, así como la duración de su receptividad que pasa de casi tres semanas a unos días. Las heridas en madera vieja, siempre de mayores dimensiones, son más sensibles que las de madera de un año producidas al cortar sarmientos.

E) Medios de lucha

Se siguen las recomendaciones citadas en el apartado 6.5. "Otras enfermedades fúngicas de la madera". En concreto, para esta enfermedad se recomienda tomar las siguientes medidas:

— Cada variedad presenta grados diferentes de sensibilidad a la enfermedad:

- Muy sensibles: *Cabernet Sauvignon, Chenin, Gamay, Tannat* y *Tempranillo.*
- Moderadamente sensibles: *Alicante Bouschet, Chardonnay, Gewürztraminer, Macabeo, Moscatel, Pinot Noir* y *Syrah.*
- Poco sensibles: *Cabernet Franc,* Cariñena, *Malbec* y *Riesling.*
- Tolerantes o resistentes: *Merlot, Semillón* y *Sylvaner.*

— Todas las causas que aumentan el vigor de la vid favorecen la precocidad y la gravedad de la enfermedad.

— Los portainjertos vigorosos son más sensibles, como SO4, 5BB Teleki, *Rupestris de Lot,* 140 Ruggeri, entre otros; los menos vigorosos, como 3.309 Couderc y 44-53 Malegue, son menos sensibles.

— En los sistemas de conducción con menos heridas de poda —como los vasos o los cordones—, la enfermedad se manifiesta menos; mientras que, en otros sistemas de conducción, como el Guyot, donde se realizan más cortes, la enfermedad resulta más grave y frecuente.

— La época de poda influye de manera significativa en el desarrollo de la enfermedad. Las heridas producidas en la época de caída de las hojas permanecen sensibles a las infecciones durante, al menos, seis semanas. Las efectuadas justo antes de la brotación solo durante dos semanas.

— Cultivos *in vitro* demostraron que el sulfato o acetato de cobre (en dosis de 500 a 1000 mg/L) impide totalmente la germinación de las esporas de la eutipiosis. Por tanto, se aconseja pulverizar sulfato de cobre al 3 % sobre los brazos y troncos tras la poda inmediatamente, además de realizar dos pulverizaciones con caldo bordelés en julio y agosto sobre la vegetación, lo que permite conservarla hasta las primeras heladas de finales de otoño.

6.3. Enfermedad de Petri

Conocida antiguamente como *decaimiento de las plantas jóvenes de viña,* y atribuida a diferentes hongos de la madera, esta enfermedad ha recibido diversos nombres, como *black goo, yesca joven, slow dieback* o *show decline,* hasta que el Congreso Internacional de Yesca y Decaimiento de la Viña, celebrado en Lisboa en el año 2001, la denominó oficialmente *enfermedad de Petri,* en honor al fitopatólogo italiano Lionello Petri.

A) Agente productor de la enfermedad

La enfermedad está producida por la invasión de diferentes hongos, siendo

Phaeomoniella chlamydospora y *Phaeoa-cremonium aleophilum* los principales responsables, aunque también se han aislado otros como *Phaeoacremonium inflatipes, Cylindrocarpon* (causante de la enfermedad del pie negro), *Botryosphaeria, Phomopsis, Eutypa, Verticillium, Phytophthora* y *Pythium.*

B) Ciclo biológico e influencia de los factores externos

— *Phaeoacremonium aleophilum.* Su teleomorfo es *Togninia minima.* Las esporas sexuales se producen en las cabezas mucosas y presentan una forma cilíndrica (3,5-6,00 × 1,5-2,5 μm). Se transmite por madera infectada y suelo; existe también una contaminación aérea sin importancia, pues la diseminación de esporas no coincide con la poda del viñedo en invierno.

— *Phaeomoniella chlamydospora.* Se desconoce su teleomorfo. En la asexual presenta dos morfologías: la facies *Phaeomoniella*, con conidios elipsoides (3-4 × 1-1,5 μm), producidos en conidióforos libres, y la facies tipo *Phoma,* con conidios (2-2,5 × 1-1,5) producidos en picnidios. También se transmite por madera infectada y suelo, pero la diseminación aérea se produce durante todo el año, lo que permite su penetración por las heridas de poda.

C) Sintomatología y daños

Las jóvenes viñas muestran un crecimiento reducido, con entrenudos cortos, necrosis foliar, clorosis y desecación de los brotes, lo que confiere a la planta un aspecto de decaimiento general. Además,

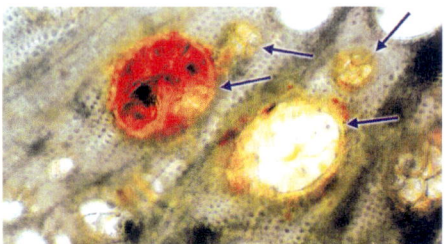

Micrografía óptica de un corte transversal de raíz de vid SO4 con la enfermedad de Petri. Las flechas señalan xilema con tilosas x 200 (Pedro Gómez López).

Corte transversal de una raíz de vid Richter 110 con la enfermedad de Petri. Se distingue el desarrollo de color en zonas asociadas con el xilema x 100 (Pedro Gómez López).

el diámetro del portainjerto se reduce respecto al de la variedad, y el callo de soldadura puede quebrarse con facilidad. Los troncos se aplanan u ovalizan, y desarrollan una fisura longitudinal característica. Los cortes transversales del tallo y la raíz revelan exudaciones alquitranosas de color miel a negro que obstruyen los vasos del *xilema* mediante la formación de tílides. En cortes longitudinales del tronco muestran vetas amarillentas o marrones en la madera.

Las plantas infectadas suelen morir entre los tres y ocho años desde su plantación y, en algunos casos extremos, al cabo de un año, siendo una característica general el colapso brusco de la planta cuando entra en producción.

El diagnóstico de la enfermedad resulta complicado, pues no siempre aparecen los mencionados puntos negros. La confirmación definitiva requiere técnicas de aislamiento fúngico o técnicas moleculares como la PCR.

Los síntomas de la enfermedad de Petri no deben confundirse con la carencia de boro, pues, en este caso, las hojas adquieren una coloración rojiza durante la floración, mientras que en la enfermedad esto ocurre durante el verano. Los síntomas se asemejan mucho a los de la enfermedad del pie negro (*Cylindrocarpon*), por lo que se precisa un análisis de laboratorio para determinar con exactitud su origen.

D) Medios de lucha

Los tratamientos con fungicidas no son eficaces, como tampoco lo es la inmersión de las plantas en agua caliente a 50 ºC durante treinta minutos. La lucha contra este hongo debe centrarse en los siguientes aspectos:

— Disponer de plantas sanas libres de hongos.
— Controlar las heridas de poda para evitar la entrada de hongos.
— Estimular la formación de las defensas naturales en las plantas.

6.4. Pie negro

La enfermedad del *pie negro*, también llamada *black foot* o *pied noir*, está causada por determinados hongos del suelo, que pueden afectar a diferentes cultivos herbáceos y leñosos. Estos hongos provocan daños en las raíces y el cuello de las plantas, lo que origina un decaimiento general de la parte aérea, e incluso la muerte de la planta. En la vid, las plantas jóvenes y las procedentes de vivero son las más susceptibles a la enfermedad.

A) Agente productor de la enfermedad

La enfermedad del pie negro está causada por dos especies de hongos del género *Cylindrocarpon,* actualmente reclasificado como *Ilyonectria*: *Cylindrocarpon liriodendri* (J. D. MacDonald y E. E. Butler) y *Cylindrocarpon macrodidyma* (Hallen, Schoers y Crous). Ambas especies están presentes en España, Estados Unidos, Nueva Zelanda y Sudáfrica; únicamente la primera se encuentra también en Alemania, Australia, Argentina, Brasil, Francia y Portugal; mientras que *Cylindrocarpon macrodidyma* se ha detectado en Chile. Recientemente, en Sudáfrica se han identificado dos especies adicionales asociadas a esta enfermedad: *Cylindrocarpon fasciculare* (Schoers, Hallen y Crous) y *Cylindrocarpon pseudofasciculare* (Hallen, Schiers y Crous).

Las colonias de este hongo presentan coloraciones muy variadas: desde blanco hasta marrón, pasando por rosa y diversos tonos de amarillo. Ambas especies forman clamidosporas y producen microconidios y macroconidios hialinos de uno a tres tabiques, generados por fiálidas largas. Estos caracteres morfológicos son poco distintivos, por lo que el diagnóstico requiere técnicas moleculares.

La forma sexual o teleomorfo de estas especies pertenece al género *Neonectria*, que se sitúa dentro de la familia *Nectriaceae*, orden *Hypocreales*, clase *Ascomycetes*. Estas con *Neonectria liriodendri* (Hallen, Rego y Crous) y *Neonectria macrodidyma* (Hallen, Schoers y Crous). Sus peritecios se caracterizan por ser de color rojo, desarrollándose en su interior las ascas, que producen esporas hialinas, alargadas y con un tabique central transversal.

B) Ciclo biológico e influencia de los factores externos

Las especies del género *Cylindrocarpon* (actualmente, *Ilyonectria*) que pueden afectar al viñedo, así como a otras especies vegetales, son habitantes muy comunes del suelo. La producción de clamidosporas les permite sobrevivir largas temporadas en ausencia de plantas hospedantes. Estos hongos infectan las vides a través de heridas radiculares, aunque también pueden penetrar por la base del portainjerto. Al plantar las estaquillas de los patrones en la tierra, el callo basal puede sufrir pequeñas heridas que sirven como vía de entrada a estos patógenos. Una vez infectado el patrón, la madera y las raíces se necrosan, lo que provoca el decaimiento de la parte aérea y, con frecuencia, la muerte de la planta. El material vegetal puede infectarse en cualquier etapa del proceso de producción en vivero, aunque el enraizamiento se considera la fase crítica de esta infección.

En cuanto a la dispersión de la enfermedad, la reproducción vegetativa de las plantas constituye la vía principal, aunque, al habitar en la tierra, estos hongos pueden infectar las plantas en cualquier terreno. La incidencia aumenta de manera significativa cuando la plantación está expuesta a condiciones de estrés, así como establecida en terrenos pesados, encharcables o con un drenaje insuficiente.

C) Sintomatología y daños

Durante la primavera, las plantas de vid infectadas presentan un retraso en su desarrollo, con una vegetación débil, hojas cloróticas y achaparradas por falta de agua y entrenudos más cortos. En ocasiones, algunas yemas o incluso plantas enteras no llegan a brotar. Estos síntomas en la parte aérea son consecuencia de los daños sufridos en las raíces y el cuello de la planta donde se sitúa la infección, y pueden confundirse con la enfermedad de Petri.

Cuando se arrancan las plantas, se detecta una notable reducción de la masa radicular, con lesiones oscuras, necróticas y deprimidas en las raíces. A veces aparece una nueva zona radicular sobre la zona afectada.

En la madera del portainjerto pueden observarse coloraciones oscuras y necrosis generalizadas que parten de la base y se extienden hacia arriba. En cortes transversales, estas lesiones necróticas abarcan desde la corteza hasta la médula. Las necrosis y coloraciones oscuras, principalmente en la base del portainjerto, dieron el nombre de *pie negro* a esta enfermedad.

Todos estos síntomas pueden provocar la muerte de la planta en la misma campaña o en las siguientes; el proceso

Aspecto de las raíces de una vid sana (izquierda) y enferma de pie negro (derecha) (S. Alaniz *et al.*).

será más rápido cuanto más joven sea la planta afectada.

D) Medios de lucha

Actualmente, las medidas recomendadas para el control de esta enfermedad son principalmente preventivas y culturales:

Corte transversal y longitudinal de una planta joven de vid afectada por la enfermedad de pie negro (S. Alaniz *et al.*).

— Podar en tiempo seco, esperando al menos cuatro días tras una lluvia o nevada.
— Desinfectar los instrumentos cortantes de poda.
— Arrancar y quemar las plantas o brazos muertos resultantes de la poda.
— Evitar una entrada del viñedo en producción prematura.
— Emplear material vegetal sano y prevenir o corregir las causas de estrés para las plantas durante las primeras fases de crecimiento. En viveros, la termoterapia resulta bastante eficaz: inmersión de barbados en agua caliente a 50 ºC durante treinta minutos.
— Seleccionar plantas con un grosor adecuado, sistema radicular uniforme (con raíces desarrolladas en toda la base del portainjerto), y callo bien cicatrizado en la zona del injerto.
— Preparar suelos sin compactación ni encharcamientos.
— Durante la plantación, orientar las raicillas de la planta hacia abajo, evitando doblarlas hacia arriba.
— Tratar el portainjerto antes de la plantación con una solución de sulfato de cobre.

Todavía no se conocen fungicidas eficaces, aunque el tebuconazol podría ser útil. La técnica descrita para la yesca de abrir la cepa en la cruz para airearla también es válida para la enfermedad del pie negro.

6.5. Otras enfermedades fúngicas de la madera

Hasta hace poco tiempo, las principales enfermedades de la madera del viñedo afectaban solo a vides adultas y debido a las enfermedades de la *yesca* y de la *eutipiosis*. Recientemente han aparecido o, mejor dicho, se han descubierto nuevas enfermedades de la madera, que también afectan a viñas más jóvenes y que parecen estar extendiéndose por las zonas vitícolas de una manera preocupante.

A) *Agente productor de la enfermedad. Sintomatología y daños*

— *Plantas jóvenes.* Aparte de la enfermedad de Petri y del pie negro, también se pueden desarrollar otras como:

• *Podredumbre en la zona del injerto.* Enfermedad asociada a diversos hongos. Las plantas muestran un desarrollo raquítico y mueren prematuramente.
• *Necrosis de sarmientos jóvenes* (*Botryosphaeria* spp.). La enfermedad aparece en plantas de tres a cinco años, y se manifiesta con la desecación de los pámpanos. El corte transversal revela una necrosis de color pardo de aspecto sectorial, aunque externamente presentan un aspecto normal.

— *Plantas adultas.* Las enfermedades fúngicas de la madera pueden desarrollarse de manera secuencial a lo largo de la vida de la planta. Según una hipótesis, *Phaeomoniella chlamydospora* y *Phaeoacremonium aleophilum* se desarrollarían inicialmente en plantas jóvenes, y, si estas sobreviven, aparecen zonas rosadas alrededor de las estrías necróticas generadas por estos hongos, como resultado de la acumulación de polifenoles de autodefensa. Estos polifenoles podrían degradarse con el tiempo, y facilitar la colonización de otros hongos capaces de causar las siguientes enfermedades:

- *Podredumbre esponjosa de la madera.* Asociada a *Stereum hirsutum* (yesca) y *Formitiporia punctata,* con síntomas idénticos a los de la yesca o apoplejía, presenta una descomposición de los tejidos de la madera, de color amarillento o crema, que generalmente se inicia en una herida de poda. Según su evolución más o menos rápida, puede producir la muerte repentina de la planta.
- *Necrosis de la madera.* Asociada a *Eutypa armeniacae* (eutipiosis) y a *Botryosphaeria* spp., también presenta síntomas similares a los de la *eutipiosis,* con necrosis sectoriales de madera de color marrón oscuro y consistencia dura, que suelen iniciarse en una herida de poda.

La enfermedad producida por *Botryosphaeria obscura, Botryosphaeria stevensii,* y *Botryosphaeria dothidea* también se conoce como *black dead arm* (BDA), con síntomas externos muy parecidos a los de la yesca. Sin embargo, el reborde de las hojas de color vino tinto, morado o negro de la BDA es distintivo y crea un aspecto policromático muy característico y fotogénico. A diferencia de la yesca, no presenta la zona amarilla intermedia entre las zonas necrosadas y sanas.

Sin embargo, el síntoma más característico es el oscurecimiento discontinuo de los vasos conductores, donde se alternan zonas de madera sana y afectada tanto en cortes longitudinales como transversales. La coloración inicial anaranjada evoluciona a marrón claro y finalmente más oscuro. Los grupos de vasos conductores afectados se originan en la base de heridas recientes o del año anterior. Mientras que algunos autores consideran la BDA una etapa preinvasiva de la yesca, otros sostienen la hipótesis contraria. La debilidad de las cepas causada por factores

Síntomas en hojas de
***Botryosphaeria* (BDA)**
(D. M. Salazar e
I. López-Cortés).

Síntomas en madera de *Botryosphaeria* (BDA) (Vincenzo Modello).

climatológicos o patológicos pueden desencadenar esta enfermedad.

B) Ciclo biológico e influencia de los factores externos

— *Formitiporia punctata* penetra preferentemente por las heridas de poda, donde las basidiosporas liberadas por los carpóforos constituyen la principal fuente de inóculo.
— La facies sexual de *Botryosphaeria* spp. (BDA) es difícil de encontrar en la madera afectada, por lo que se identifica principalmente a través de su anamorfo *S. malorum,* que produce picnidios con conidios de color marrón, oblongos, rectos y unicelulares, redondeados por el ápice y truncados en la base, con dimensiones de 18-26 × 10-15 µm.

C) Medios de lucha

Las *nuevas plantaciones* deben realizarse con material vegetal sano, de grosor adecuado, con el callo de soldadura patrón-injerto bien cicatrizado y raíces bien distribuidas. Durante los primeros años deben evitarse las situaciones de estrés, y tampoco hay que forzar la entrada prematura en producción. Respecto a la poda, conviene retrasarla hasta el invierno y aplicar inmediatamente un fungicida o mastic especial sobre las heridas. Si, al podar, se detectan zonas necróticas, es

necesario cortar por debajo de la lesión hasta encontrar tejido sano, y retirar de la parcela estos restos de poda sanitaria.

En las *plantaciones establecidas* que presenten síntomas de estas enfermedades se deben seguir las siguientes prácticas:

— Retrasar la poda lo máximo posible.
— Realizar cortes de poda con la menor sección posible, lisos y siempre protegidos con un fungicida.
— Establecer una poda diferenciada que empiece por las cepas sanas y continúe con la enfermas.
— Desinfectar las herramientas de poda con formol, sulfato de cobre, etc.
— Eliminar las zonas de madera necrosada y retirarla del viñedo.

En general, la gravedad de los ataques de las enfermedades fúngicas de la madera está relacionada con la cantidad de madera muerta presente en el viñedo, ya que esta constituye el reservorio del inóculo. Por ello, debe ser retirada de las parcelas y destruirse inmediatamente mediante quema. Los sarmientos procedentes de la poda, enteros o troceados, no suponen un riesgo cuando se trata de madera de un año. Sin embargo, la madera de más de dos años debe retirarse y quemarse.

En aquellas cepas donde las enfermedades de la madera afectan a la parte aérea (brazos, cordones o troncos), es posible cortar el elemento enfermo y retirarlo del viñedo. A continuación, la cepa puede intentar reconstruirse a partir de yemas que broten por debajo del corte, pero es imprescindible desinfectar y proteger la herida con un fungicida o un mastic especial.

Recientemente, la sociedad francesa Agrauxine ha desarrollado un producto denominado Esquive WP, cuya sustancia activa es el hongo *Trichoderma atroviride I-1237*, con capacidad para controlar eficazmente las enfermedades de la madera como yesca, eutipiosis y BDA *(Botryosphaeria)*. Debe aplicarse a razón de 4 kg/ha en viñas recién podadas. Como alternativa, puede introducirse en la base del tronco de la cepa afectada un cebo impregnado con este hongo con la ayuda de un taladro. Los mecanismos de acción de este hongo frente a los patógenos son:

— Competencia por el espacio y los nutrientes que permite colonizar rápidamente la superficie de los cortes de poda.
— Antibiosis, mediante la segregación de metabolitos tóxicos para los hongos patógenos.
— Micoparasitismo sobre los hongos patógenos.

El buen estado general de las plantas constituye también un factor crucial para combatir las enfermedades de la madera. Las plantas se defienden de los organismos patógenos invasores mediante la formación de unas sustancias de autodefensa llamadas *fitoalexinas*, que incluyen polifenoles y estilbenos con la capacidad de inhibir el desarrollo de los hongos.

La utilización de sustancias activadoras de las defensas naturales, como el Brotomax, que estimula la biosíntesis de compuestos fenólicos, puede resultar bastante eficaz para combatir estas enfermedades. También se pueden aplicar tratamientos por vía radicular para inducir una respuesta defensiva de la planta, entre los que destacan: elicitores (quitosano y jasmonato de metilo) asociados con cobre acomplejado, aminoácidos con cobre en forma de nanopartículas, biostimulantes agrícolas impulsores de la brotación y el desarrollo vegetal, e inductores de las defensas naturales.

6.6. Podredumbre de la raíz

Se denomina también *pudriciones blancas de la raíz, mal blanco* y *podredumbre lanosa*. En Francia se conoce como *blanc des racines;* en Estados Unidos, como *root rot;* en Italia, como *bianco delle radici,* y en Portugal, como *podridão dis raizes.*

A) Agentes productores de la enfermedad

Armillaria mellea Vahl., que pertenece a la familia *Agaricaceae*. También *Rosellinia necatrix* Hartig., de la clase *Sordariomycetes,* familia *Xylariaceae.* Estos hongos se encuentran en casi todos los suelos españoles, especialmente en la zona norte y en el litoral mediterráneo, siendo la *Armilaria mellea* la más frecuente en viñedos.

B) Ciclo biológico

— *Armillaria mellea* se propaga mediante *rizomorfos*, también denominados rizomas o cordones rizoides, que constituyen estructuras especializadas del micelio del hongo. Se localizan encima de las raíces (externos) o debajo de su corteza (internos) y presentan un aspecto similar a las verdaderas raíces, razón que justifica su nombre. Los rizoformos externos son redondos, con un diámetro de 2 a 3 mm y de color castaño oscuro o negro brillante, mientras que los internos son aplanados, se distribuyen en abanico y de color blanco nacarado.

Los rizomorfos externos transmiten la infección a través del suelo, adhiriéndose a las raíces y penetrando a través de la corteza. Posteriormente, los rizomorfos internos se desarrollan en la zona del *cambium*.

También puede propagarse por *basidiosporas,* formadas en gran número en la parte inferior del sombrerillo del *carpóforo* o seta, que aparece a principios de otoño al pie de las cepas muertas y los tocones. La infección no se realiza directamente sobre la madera viva, sino que requiere de una infección previa de la madera muerta. Las setas presentan un pie de uno o dos centímetros, y el sombrerillo es de color miel, de donde deriva el nombre de su agente.

— *Rosellinia necatrix.* Su multiplicación por *rizomorfos* está pues-

Carpóforos de *Armillaria mellea* (La Casa de las Setas).

ta en cuestión. Este hongo produce un fieltro de hifas del micelio, inicialmente blancas y lanosas que posteriormente pardean, propagando la infección durante su desarrollo.

También puede propagarse por *esclerocios,* estructuras resistentes del micelio que forman láminas blancas, negras y duras de un milímetro de diámetro, mediante las cuales el hongo puede persistir en el terreno durante mucho tiempo.

C) Sintomatología y daños

Las raíces afectadas adquieren un color pardo, se ennegrecen posteriormente y finalmente la corteza se pudre, todo ello acompañado de olor a moho húmedo.

En *Armillaria,* sobre la corteza de la raíz aparecen rizomorfos entrelazados de color marrón oscuro o negro brillante, mientras que bajo la corteza se encuentran placas blanco-nacaradas ramificadas y malolientes, lo que caracteriza a la denominada *podredumbre blanca.* Por su parte, *Rosellinia* presenta un micelio

Podredumbre de la raíz por *Armillaria mellea* (Syngenta).

blanco lanoso que pardea con el tiempo, origen del término *podredumbre lanosa*.

En todos los casos, la parte aérea de las cepas presenta síntomas de debilitamiento derivados de la afección radicular: sarmientos pequeños, entrenudos cortos, hojas pequeñas y cloróticas.

La podredumbre se extiende como una mancha de aceite debido a la contaminación radicular, por lo que debe considerarse el nivel de infección del terreno antes de establecer futuras plantaciones.

D) Factores externos que influyen en la enfermedad

La humedad del suelo es decisiva para el desarrollo de la podredumbre, favorecida por lluvias abundantes, suelos compactos y mal drenaje. El desarrollo óptimo se produce entre los 15 y los 25 °C, deteniéndose por debajo de 10 °C.

El ataque es más frecuente en cepas jóvenes de menos de diez años y cuando la plantación precedente haya estado afectada, ya sea de origen leñoso (abedul, albaricoquero, algarrobo, almendro, castaño, cerezo, ciruelo, cítricos, encina, grosellero, haya, manzano, melocotonero, morera, nogal, olivo, peral, resinosas, roble, etc.) o herbáceo (alcachofas, alfalfa, haba, judía, maíz, patata, remolacha, rosal, trigo, tulipán, etc.).

El material vegetal de la plantación puede estar infectado, al igual que los estiércoles y los abonos orgánicos, cuyos restos de vegetales favorecen el desarrollo del patógeno.

E) Medios de lucha

El carácter subterráneo de la enfermedad, unido a su polifagia y al saprofitismo, dificultan enormemente su control. Los *métodos preventivos* son los siguientes:

— No elegir terrenos húmedos o con tendencia al encharcamiento.
— Evitar la utilización de terrenos que anteriormente albergaron especies leñosas.
— Evitar la plantación sobre terrenos que contuvieron leguminosas, sobre todo alfalfa.
— Desinfectar los suelos antes de la plantación cuando se haya constatado la presencia de *Armilllaria mellea*.
— Eliminar los restos de la vegetación anterior.
— Emplear material de plantación sano.
— Utilizar como portainjerto el SO4, e incluso la variedad híbrida gallega *Folla redonda*.

Los *métodos químicos* se emplean cada vez con mayores restricciones, como el metam sodio, que libera gas metil isocianato. Una vez detectada la enfermedad, se delimita el foco mediante una zanja de 0,5 a 1 metros de profundidad para evitar la propagación de la enfermedad. La zona afectada se trata con formol (7-8 ml/m^2), sulfuro de carbono (25 g/m^2), sulfato de hierro cristalizado (3 kg/m^2) o cal viva.

Bibliografía

Alonso de Herrera, Gabriel. 1513. *Agricultura General.* Imprenta de Arnao Guilen de Brocar. Alcalá de Henares. Adicionado por la Real Sociedad Económica Matritense en 1818 en la Imprenta Real. Madrid.

Bech, Jaume. 1987. *Enciclopedia del vino.* Ediciones Orbis S.A. Barcelona.

Bernard, A.C. 1971. *L'Oxalate de calcium chez la vigne.* La France Viticole.

Bodegas Comenge. Curiel de Duero. Valladolid.

Castellet Baltá, Buenaventura. 1868. *Viticultura y Enología españolas.* Imprenta de Gómez e Inglada. Barcelona.

Centro de Sanidad y Certificación Vegetal. 2010. *Enfermedades fúngicas de madera de la vid.* Gobierno de Aragón. Zaragoza.

Columela, Lucio Junio Moderato. 1814. *Los doce libros de agricultura.* Traducción de Juan María Álvarez de Sotomayor y Rubio. Imprenta de Miguel de Burgos. Madrid.

Coombe, B.G. y Dry, P.R. 2001. *Viticulture.* Editorial Winetitles. Adelaida.

Galet, Pierre. 2004. *Compendio de Viticultura.* Collection Avenir Oenologie. Chaintré.

García de los Salmones, Nicolás. 1920. *Poda de la vid.* Hojas divulgadoras del Ministerio de Fomento. Madrid.

Gómez López, Pedro. 2005. *"Estudio fisiológico de la ·Enfermedad de Petri", en Plantas Jóves de Vitis Vinífera.* Tesis Doctoral. Facultad de Biología de la Universidad de Murcia. Murcia.

Hidalgo Fernández-Cano, Luis. 1999. *Poda de la Vid.* Ediciones Mundi-Prensa. Madrid.

Hidalgo Fernández-Cano, Luis e Hidalgo Togores, José. 2019. *Tratado de Viticultura* (quinta edición). Ediciones Mundi-Prensa. Madrid.

Innovagri. 2017. *Estrategia global para el control de las enfermedades de madera de la vid.* Red de intercambio de conocimiento agrario. España.

Kliever, W. M. y Weaver, R. J. 1971. "Effect of Crop Level And Leaf Area On Growth". *American Journal of Enology and Viticulture.* EE UU.

La Casa de las Setas. 2023. *Armillaria mellea: la seta de la miel.* España.

Las Provincias. 12 febrero 2018. Valencia.

Levadoux, L. 1946. "Étude de la fleur et de la sexualité chez la vigne". *Annales Ecole National Agriculture.* Montpellier

Marcilla Arrazola, Juan. 1954. *Tratado práctico de Viticultura y Enología españolas.* Editorial SAETA (Sociedad Anónima Española de Traductores y Autores). Madrid.

Martín Onzai, Ana. Castillo de Cuzcurrita. La Rioja.

Martínez-Zaporta, Moisés e Hidalgo Fernández-Cano, Luis. 1955. *Poda de la vid.* Ediciones Pegaso. Madrid.

Modello, Vicenzo y otros. 2018. "Management of Grapevine Trunk Diseasses". *Phytopathologia Mediterranea.* Vol. 57 nº 3.

Moraleda Fernández, Salustiano. 2019. *El vino y la vid en la antigua Grecia.* Abada Editores. Madrid.

O.I.V. (Organización Internacional de la Viña y el Vino).1982. *Lista de 130 caracteres descriptivos de la UPOV como método básico para el estudio ampelográfico nacional.*

Pacottet, Paul. 1917. *Viticulture.* Librairie J. B. Bailliér et fils. París.

Pérez Marín, José Luis. 2012. *Plagas y enfermedades del viñedo en La Rioja.* Gobierno de La Rioja. Logroño.

Reynier, Alain. 1989 y 1997. *Manual de Viticultura.* Ediciones Mundi-Prensa. Madrid.

Riman, Karim. 2006. *Conocimiento y respeto de los suelos para una viticultura dinámica y duradera.* Revue des Oenologues nº 121.

Salazar, D. M. y López Cortés. I. 2017. "BDA Botriosphaeria enfermedad fúngica de la madera". *La Semana Vitivinícola* nº 3157. Valencia.

Sandvik. Tijeras de podar.

Stummer, Albert. 1911. *Sobre la prehistoria de la vid y la vinificación.* Mitteilungen Antropologischen Gessellschaft. F. Berger & Söhne. Viena.

USDA (United States Department of Agriculture).

Viala, Pierre y Vermorell, Víctor. 1901-1910. *Ampélographie. Traité générale de Viticulture.* Masson et Cie. París.